數百メートル上空の飛行機を射擊中の機關銃隊
AEROPLANE IN HIGH ALTITUDE OF MACHINE-GUN

「丸太」利用の「木製急造臨時高射三脚」を用いた対空射撃訓練の様子。制式の「三脚」の制定前はこのような応用射撃が行なわれた

横転させた「三九式輜重車」を利用した応急処置射撃訓練の様子。制式の「三脚」の制定・普及前はこのような応用射撃が行なわれた。「車輪」に機関銃の脚部を差し込んで広域の射界をとれるように創意工夫している

射撃するために展開した「狙撃砲」。小型で第一線の「歩兵」に追従できる「狙撃砲」の存在は、歩兵の近接戦闘能力を飛躍的に向上させた

「藁」で偽装して展開する「軽機関銃分隊」。銃の手前には予備弾薬を収めた「弾薬筺」がある。「欧州大戦」の戦訓より「歩兵」の「偽装」は必須事項となった

射撃訓練中の「歩兵聯隊」の「機関銃中隊」。旧式の「三八式機関銃」を装備しており大正期中にこれらは新式の「三年式重機関銃」に換装された

射撃訓練中の「三年式重機関銃」。「三年式重機関銃」「射手」の後方には「分隊長」がおり、手前には「弾薬手」があり前面には540発入りの「弾薬箱」がある

射撃訓練中の「試製有筒式軽機関銃」。「射手」の左側に伏せた「弾薬手」は背嚢スタイルの「弾薬箱」の底部より30発の弾薬をセットされた「保弾薬板」を軽機関銃の左側面から装填している

将校の統一指揮で2門の「三八式機関銃」の「小隊射撃」の状況。後方の指揮機関との連絡のために写真右後方には2羽の「伝書鳩」を入れた「鳩籠」を背負った「鳩兵」が見える

分解した「三八式機関銃」の「人力搬送(分解搬送)」の状況。写真左手前「分隊長」の右には「弾薬箱」を担いだ「弾薬手」がおり、その奥には分解した「三脚」を持つ「射手」がいる。「分隊長」の指定の場所に進出した分隊員は分解した銃を組み立ててすぐに戦闘行動に入った。「重機関銃分隊」では確実な歩兵支援を行なうために「重機関銃」の「人力搬送」の訓練を反復した

十一年式軽機関銃で高角射撃の姿勢をとる陸軍軽機関銃隊

「軽機関銃」の嚆矢「試製軽量機関銃」の試験状況。「試製軽量機関銃」は「三年式機関銃」と「八式機関銃」より「脚部」を取り除き「銃」本体を軽量化して地上設置用の簡易「三脚」をつけたものである

「シベリア出兵」に参加した「列強陸軍歩兵」の記念撮影。左からイギリス、カナダ、アメリカ、中国、イタリア、チェコ、日本。極寒のシベリアに展開した日本陸軍の個人装備が列強に比較して遜色がないことがわかる一葉である

目次

第13話 手榴弾❷

第14話 擲弾銃と擲弾筒❶

第15話 擲弾銃と擲弾筒❷

日本陸軍の基礎知識——大正の兵器編

白兵❶

「大正期の白兵戦」を語る上で欠かせない
明治期から使用されていた
各種「軍刀」及び「銃剣」を取り上げる！

第1話

建軍期の白兵

明治四年（一八七一年）の日本陸軍の創設に際して陸軍の制式兵器としての「軍刀」は存在せず、欧米から輸入された軍刀が用いられており、「銃剣」においても各種の輸入銃にセットされていた「銃剣」が用いられていた。

輸入軍刀の一例を示せば、フランスからは将校用として「仏国一八八三年式軍刀」「仏国工兵将校剣」、下士官兵用として軽騎兵軍刀である「仏国一八八二年式軍刀」、重騎兵軍刀である「仏国一八五四年式軍刀」等の多種多様の軍刀が輸入されており、米国からは将校用として「米国一八五〇年式軍刀」「米国一八六〇年式軍刀」、下士官兵用として「米国一八四〇年式軍刀」等が輸入されている。

明治初期の剣術は、明治七年よりフランスから招聘した体育教官による洋

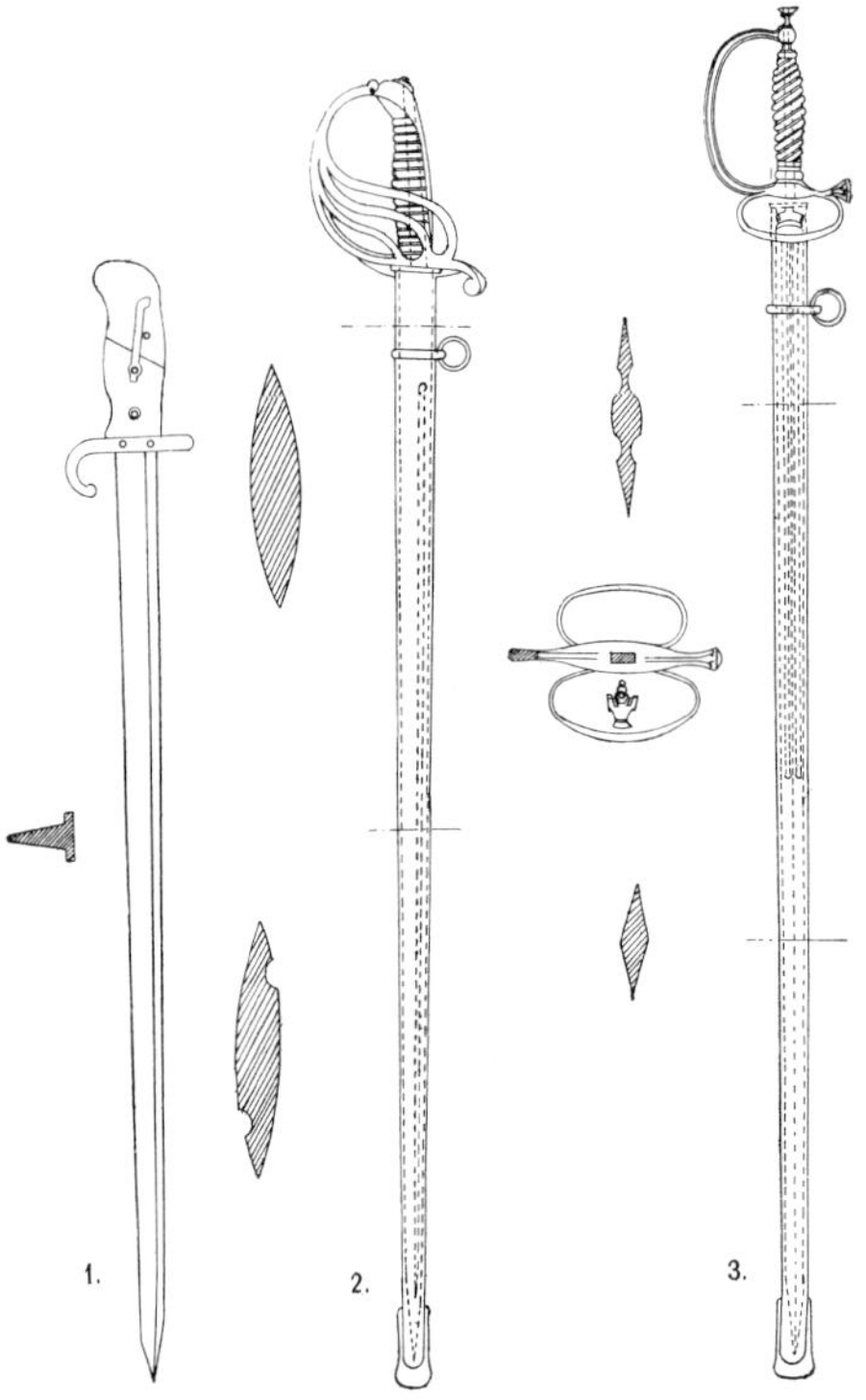

幕末期から明治初期に輸入された将校用刀剣及び、下士官兵用の銃剣の一例であり、右より「仏国工兵将校剣」「一八八三年式仏国歩兵将校軍刀」「仏国一八七四年式銃剣」

式教練を行なうための基礎体力養成を目的とした柔軟体操である洋式体操の延長に「剣術」や「銃剣術」の教育が施されたが、本格的な実戦を想定しての白兵としての教育は行なわれていなかった。

明治十七年になると招聘したフランス軍教官により、翻訳された各種操典によるフランス式の軍刀術・正剣術・銃剣術の教育が開始された。

明治二十二年になると白兵戦闘用のマニュアルとして初めてフランスの教範を翻訳した「明治二十二年式剣術教範」が制定されて、「軍刀術」「正剣術」「銃剣術」の教育が開始される。

この「明治二十二年式剣術教範」によりフランス式の剣術教育が制式に開始されるものの、「軍刀」と「正剣」の操法は洋式の「エペ」と「サーベル」の使用法をそのまま取り入れたものであり、使用する将兵よりは日本の国情には合わずに普及することはなく、将校は洋式軍刀を装備するものの、剣術は古来の日本剣術より好みの流派を各自が自弁で習得していた。

明治二十七年に改めて古式剣術を取り入れた我が国オリジナルの「明治二十七年式剣術教範」が制定されている。

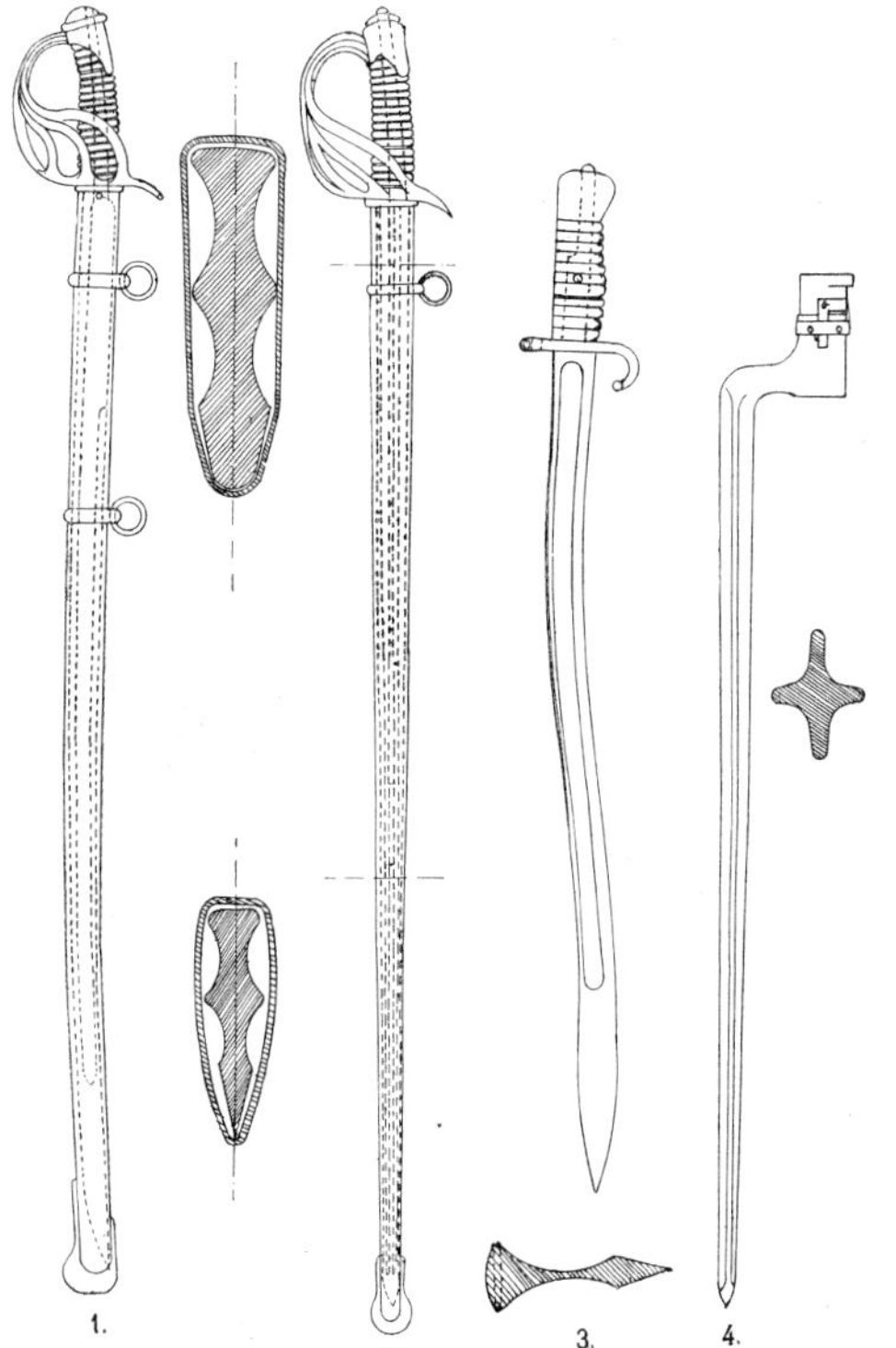

同じく幕末期から明治初期に輸入された下士官・兵用の刀剣の一例であり、右からスパイクバヨネットタイプであり「銃槍」とも呼ばれた「仏国一八六四年式銃剣」「仏国一八六四年式銃剣」「仏国一八五四年式重騎兵軍刀」「仏国一八八二年式軽騎兵軍刀」

明治八年制定軍刀

明治八年になると輸入軍刀に代わり、国軍の制式兵器のカテゴリーとして陸軍初の制式軍刀が制定される。

この制式軍刀は欧州の軍用刀剣をモデルとした湾曲した片刃のサーベルタイプの将校・准士官用の「軍刀」と、エペタイプの直刀で将官・各部用の「正剣」と、下士官・兵用の「軍刀」の三タイプがあり、いずれも刀身と剣身はプロシアのゾーリンゲ社製の輸入品が用いられていた。

正剣

「正剣」はエペタイプの直刀であり、左腰に吊るための「剣帯」と呼ばれる専用のベルトがあるほか、使用時の脱落防止のために右手首にはめるループ状の「刀緒」と呼ばれる装飾の施された紐が柄の基端に取り付けられていた。

「正剣」には、「将官用」「佐官用」「尉官用」の三種類があり、将校相当官である「会計部」「軍医部」「馬医部」も相当階級の「正剣」を佩用した。

軍刀

軍刀は片刃のサーベルタイプであり、左腰に吊るための「刀帯」と呼ばれる専用のベルトがあるほか、使用時の脱落防止のために右手首にはめるループ状の「刀緒」と呼ばれる装飾の施された紐が柄の基端に取り付けられていた。

「軍刀」の種類としては「将官軍刀」「参謀科佐官軍刀」「参謀科尉官軍刀」「歩兵科佐官軍刀」「歩兵科尉官軍刀」「騎砲工輜佐官軍刀」「騎砲工輜尉官軍刀」の七種類が存在した。

「軍刀」と「正剣」の佩用区分としては、「将官」は常に「正剣」を佩用するものの、「正服」ではなく「軍服」着用の時にのみ「軍刀」の佩用が認められていた。

「参謀科」の佐官・尉官用は、「正服」の場合は「正剣」を佩用するものの、「軍服」着用時は乗馬の場合は「正剣」で徒歩の場合は「軍刀」を佩用することが原則とされていた。

隊付の「隊付佐官」「隊付尉官」「伝令使」は、「正剣」ではなく「軍刀」を佩用し、隊付きではない「隊外佐官」「隊外尉官」は「正服」では「正剣」、「軍服」で「軍刀」を原則として佩用するほか、各部の相当官は「軍刀」を用いることはなく「正剣」を佩用した。

下士官兵用軍刀

下士官兵用の「軍刀」には、徒歩用では歩兵科・会計部・馬医部・軍楽部部長・砲兵上等監獄が用いる「下士軍刀」と、乗馬用として騎兵・砲兵・工兵・輜重兵の下士兵卒が装備する「下士兵卒軍刀」の二種類があった。

乗馬用の「下士兵卒軍刀」は馬上での片手使用を顧慮して、斬撃に便利なように「護拳」と呼ばれるガード付きの柄の内部に「指貫」と呼ばれる右手の人差指と中指を通す革製リング状が付けられていた。

この明治八年制定の軍刀は、後の明治三十二年制定の下士兵卒用軍刀である「三十二年式軍刀」が制定されるまで下士兵卒の制式兵器として用いられた。

明治十九年制定軍刀外装

明治十九年になると将校用軍刀の改正があり、新たに「正剣」と「軍刀」の外装が兵器ではなく将校・准士官用の被服の延長線として制定される。

正剣

「正剣」は、「将官用」と各部の「相当官用」のものがあり、附属品として「剣緒」と「剣帯」があった。

将官は「正服」の場合は「正剣」を佩用するが、「軍服」の場合は「軍刀」

を佩用する。「相当官」は「正服」「軍服」の区別なく常に「正剣」を佩用した。

軍刀

「軍刀」には、「将官用」「佐官用」「騎兵佐官用」「尉官用」「騎兵尉官用」「下副官用」「騎兵下副官用」が存在した。

このうち乗馬本分の「騎兵佐官用」「騎兵尉官用」「騎兵下副官用」の軍刀は鞘にある佩用に用いる「佩環」と呼ばれる金属製リングが二個ではなく一個である。

なお、明治十九年制定の軍刀のカテゴリーの特徴として、下士兵卒用の軍刀の制定は無く既存の明治八年制定の「下士軍刀」と「下士兵卒軍刀」が継続して用いられていたが、例外として「下副官（後の「特務曹長」）」用の専用軍刀として、騎兵科を除く「下副官軍刀」と騎兵科下副官専用の「騎兵下副官軍刀」が制定されている。

この「明治十九年制定軍刀」の外装は、昭和九年に将校・准士官用軍刀の外装が洋式サーベルタイプより日本刀形式に変更されると、「旧式軍刀」と呼ばれるようになり「新型軍刀」の外装と併せて終戦まで併用されている。

将校用軍刀の定義と刀身

明治十九年に制定された軍刀の最大の特徴は、将校軍刀を服制の一部と定義して、軍刀の外装は正規の規定があるものの、刀身の長さ・反り・素材等

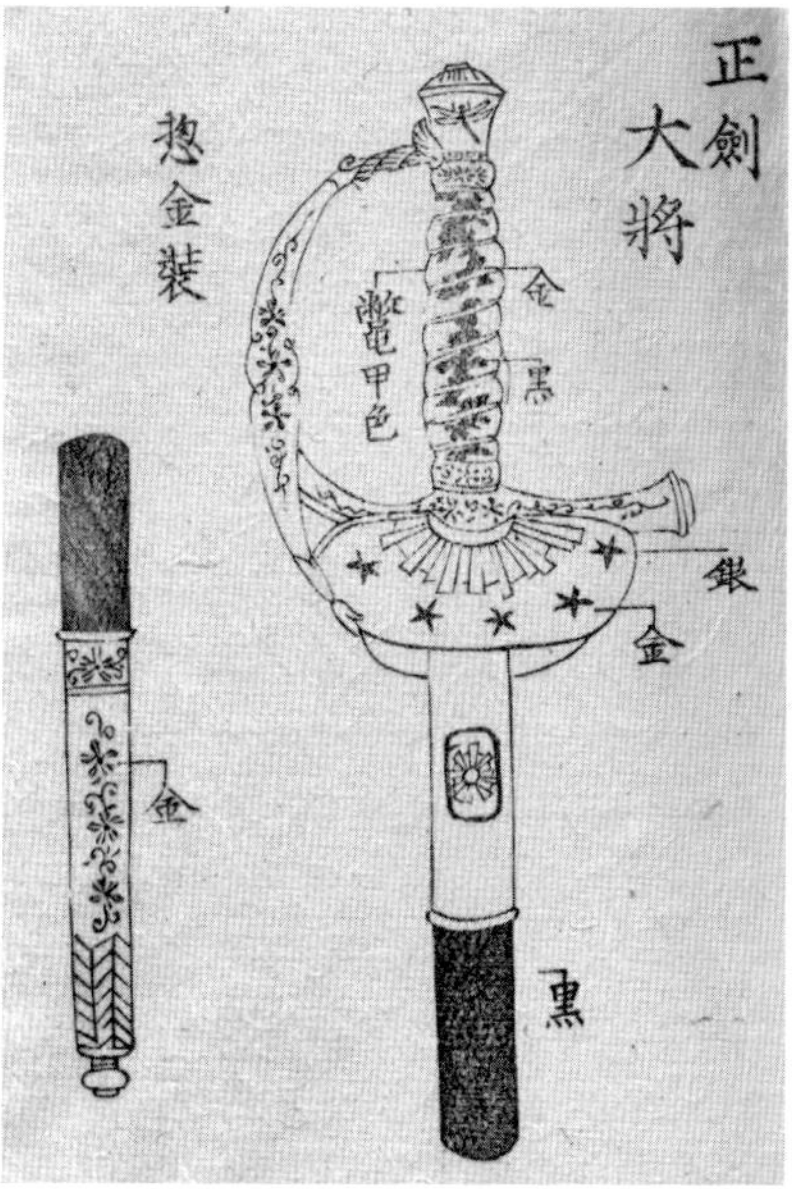

明治八年制定の「将官用正剣」。図版は大将用

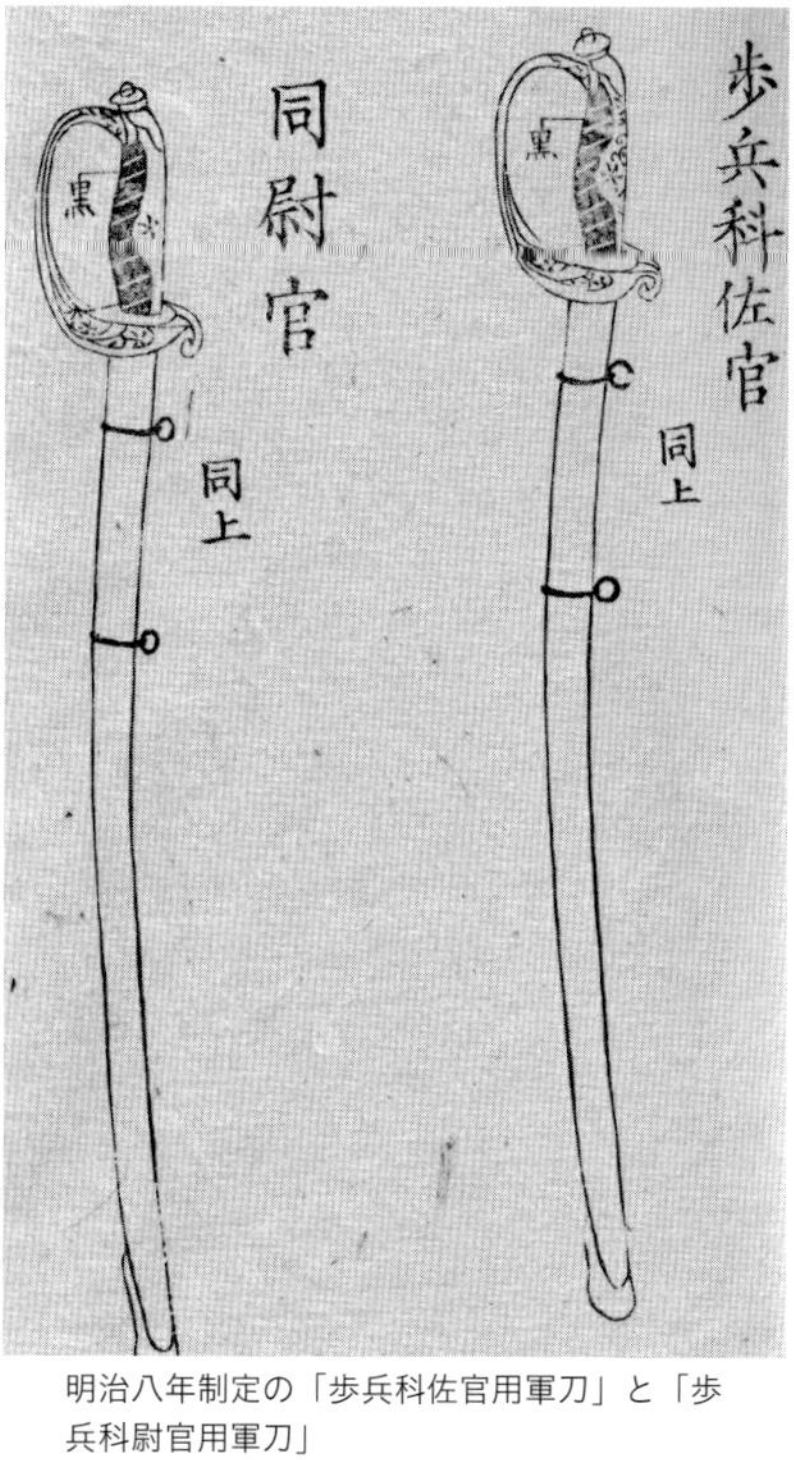

明治八年制定の「歩兵科佐官用軍刀」と「歩兵科尉官用軍刀」

の定義は無く、「軍刀」の調達は「軍服」同様に将校個人の自弁調達とされた。

明治二十年に刊行された「兵器学教程」には将校用軍刀の定義として『……将校用軍刀及劍ハ本邦ニ在テハ服制ノ一部ニシテ兵器ノ分類ニアラサルヲ以テ其尺度重量等ハ規定セサル所以ナリ……』と定義されている。

これら軍刀の「刀身」の素材は「錬鉄」で刀身の反りを意味する「彎曲」が五分とのみ規定されており、実際には輸入刀身や輸入鋼材により製造された刀身のほかに、将校個人で私物の日本刀の刀身を仕込むケースがあった。

またこのほかにも、明治二十四年に「東京砲兵工廠」の「村田経芳」が洋鉄と和鉄を混合して製造した「村田刀」も多用されている。

この「村田刀」は初期生産タイプでは、刀身形状が刺突の便を図り切先部分が両刃タイプの「小烏丸造《こがらすまる》」の刀身で「日清戦争」で将校用軍刀として多用された。

また後の「日露戦争」期には量産タイプで、刀身が「日本刀」スタイルの「村田刀身」が製造されて将校軍刀の刀身として古式鍛造の日本刀に代わり多用された。

多くの軍刀の「鞘」には刀身の「鞘走り」を防ぐために、押ボタン式の「駐爪《ちゆうそう》」と呼ばれる金属製爪が付けられており、柄の基部に付けられている「駐爪鈕」と呼ばれる押しボタンを押すことで、鞘から軍刀を抜くことができた。

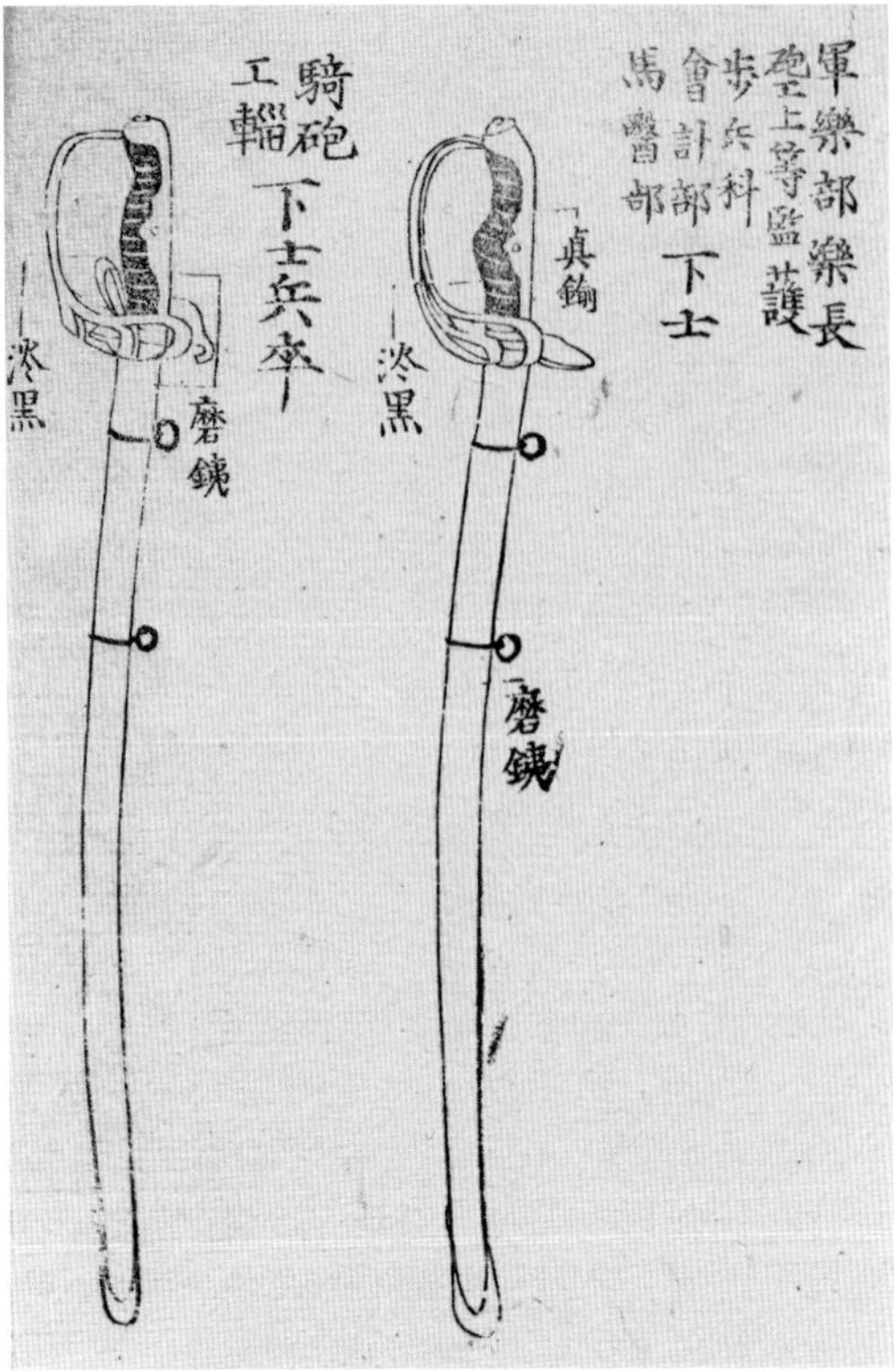

明治八年制定の「歩兵科下士用軍刀」と「騎砲工輜下士兵卒用軍刀」。「歩兵科下士用軍刀」は「歩兵科下士」のほかに「軍楽部楽長」「砲工上等監獄」「会計部下士」「馬医部下士」も佩用し、「騎砲工輜下士兵卒用軍刀」は「騎兵」「砲兵」「工兵」「輜重兵」の下士・兵卒が佩用した

所謂指揮刀

明治十九年の軍刀改正と同時に、将校の平時勤務用のアイテム商品として外装は「軍刀」と同一ながら、刀身を模擬刀身にした「指揮刀」が登場した。

この「指揮刀」は軽量であるほかに

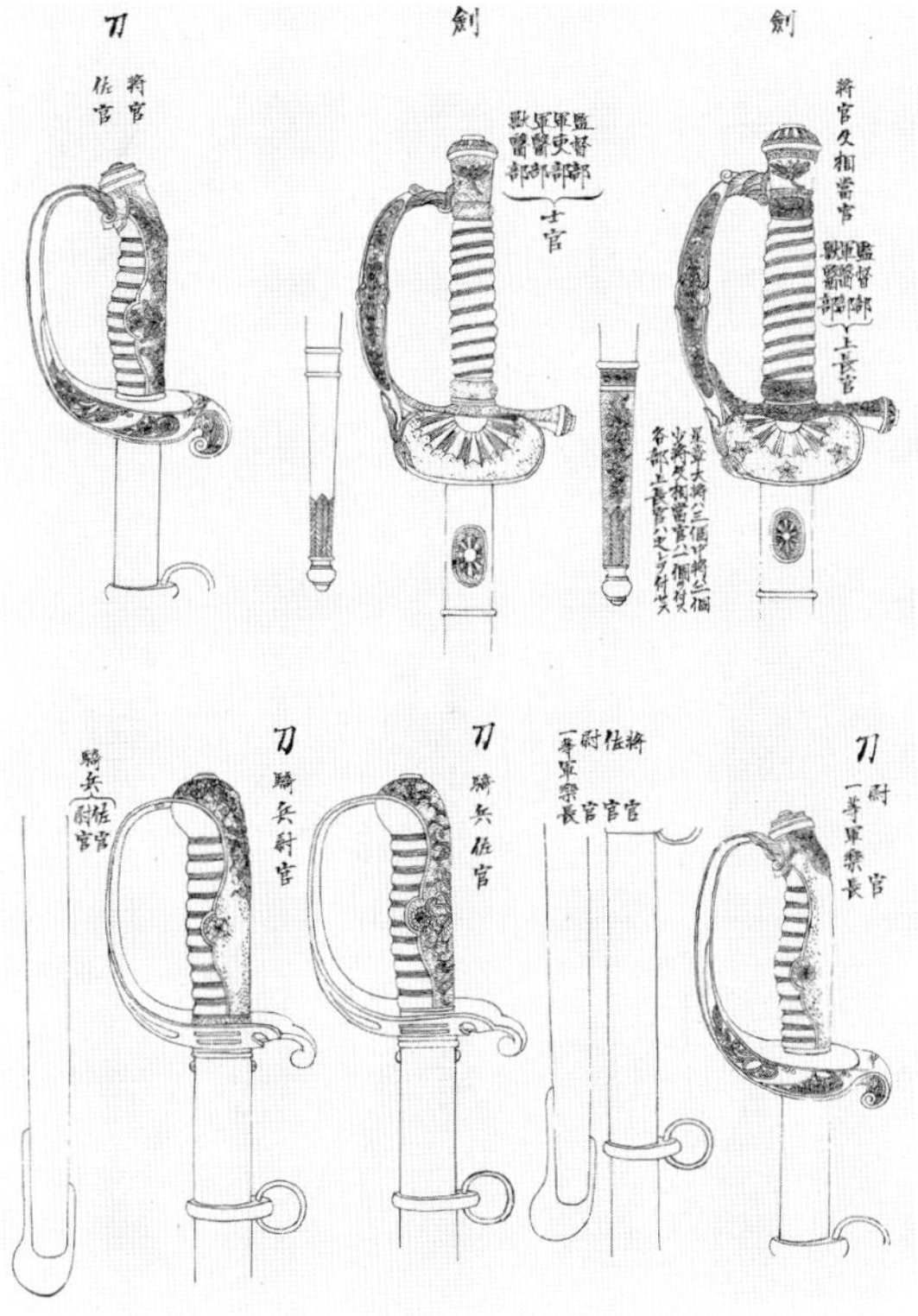

明治十九年制定の将校・准士官・相当官用の「正剣」「刀」の制式外装図。この十九年改正で「軍刀」は制式には「刀（とう）」と呼ばれるようになり、騎兵用軍刀は馬上での佩用を顧慮して佩環が一個となる

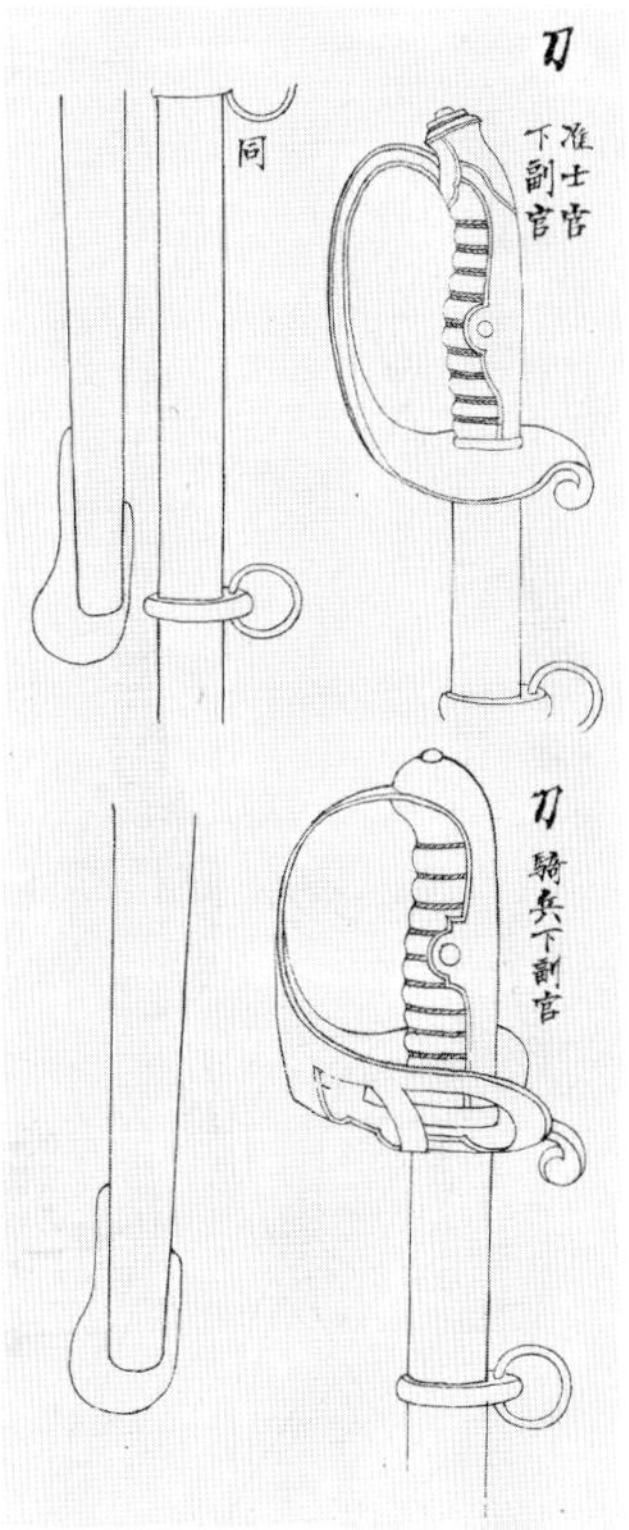

明治十九年制定の「准士官下副官用刀」と「騎兵下副官用刀」の外装

細身で見場が良いことから、多くの将校が平時勤務の折に腰に佩用していた。「指揮刀」の刀身の多くは鍛錬されていない金属製刀身に銀メッキを施したものが多く、また鞘に「駐爪釦」が設置されたものは少ないものの、例外的に所有者のポリシーから細身の日本刀刀身を仕込んで「駐爪釦」を設置したタイプも見られる。

陸軍では「軍刀」と異なる非正規品である「指揮刀」に対して、「所謂指揮刀」名称を冠していた。

白兵②

陸軍は明治十九年になると国産である「砲兵刀」「徒歩刀」を制定、本項目では「砲兵刀」「二十五年式軍刀」「三十二年式軍刀」等の各種「銃剣」「騎兵槍」等を紹介していく！

第2話

砲兵刀と徒歩刀

明治十九年になると既存の欧米から輸入されていた「砲兵刀」と「徒歩刀」に替わり、国産である陸軍制式の「砲兵刀」「徒歩刀」が制定される。

「砲兵刀」は銃を持たない砲兵の下士官兵卒の自衛用の短刀であり、併せて露営・築城時の作業用刃物の用途も兼ねていた。

「徒歩刀」は銃を持たない砲兵以外の下士官兵卒・相当官・輜重輸卒の自衛用の短刀であり、大量生産を考慮して「砲兵刀」より簡素な出来ではあるが、「砲兵刀」同様に露営・築城時の作業用刃物も兼ねていた。

「砲兵刀」「徒歩刀」のいずれも短剣や脇差同様に、右手のみの片手で構えて敵を斬撃するか刺突する方法で使用する。

砲兵刀

「砲兵刀」の「刀身」は片刃であるが刺突を顧慮して切先部分のみが両刃であり、重量軽減のための彫溝が付けられた洋鉄製刀身と、真鍮製でチェッカリングが施された柄が付けられている。

全長六百六十八ミリ・重量千五十二

砲兵刀と徒歩刀

	砲兵刀	徒歩刀
全長	668ミリ	約495ミリ
重量	1052グラム	1500グラム

日清戦争時に「砲兵刀」を持つ砲兵。真鍮製の柄と刀身形状が良くわかる一葉である

グラムで片刃直刀であり、「鞘」は黒革製で鞘の基部と先端には真鍮製の鯉口と鐺がついており、銃剣同様に革製の「剣差」を用いて「帯革」の左腰部分に吊る。

徒歩刀

「徒歩刀」の「刀身」には重量軽減のための彫溝がなく片刃直刀のスタイルであり、切先部分のみが両刃の洋鉄製刀身と、胡桃材ないし桜材の木製のグリップをはめた「柄」が付けられている。

全長約四百九十五ミリ・重量千五百グラムであり、「鞘」は黒革製で、鞘の基部と先端には黒染鉄の鯉口と鐺がついており、革製の「剣差」を用いて「帯革」の左腰部分に吊る。

二十五年式軍刀

明治二十五年になると騎兵科の下士兵卒専用の軍刀として「二十五年式軍刀」が制定される。

この「二十五年式軍刀」は騎兵科で、既存の乗馬用軍刀としても用いられていた明治八年制定の「下士兵卒軍刀」と併用して用いられた。

三十二年式軍刀

明治三十二年になると下士官兵用の軍刀として、洋刀（サーベル）タイプの外装に日本刀スタイルの刀身を仕込んだ形式の「三十二年式軍刀」が制定される。

この「三十二年式軍刀」の刀身は古式鍛造ではなく洋鉄を機械鍛造した「刀身鋼」と呼ばれる鋼材により作られた工業刀身であり、刀身の長さにより「三十二年式軍刀—甲」「三十二年式軍刀—乙」の二種類のバリエーションが存在した。

なお、「三十二年式軍刀」の制定により、既存の明治八年制定「下士兵卒軍刀」と「二十五年式軍刀」は「旧式軍刀」のカテゴリーに分類されて、払下げ後に市井への販売や海外販売が行なわれたほか、「二十五年式軍刀」は陸軍監獄の監守用軍刀として用いられている。

三十二年式軍刀—甲

「三十二年式軍刀—甲」は下士兵卒用の軍刀の中でも騎兵科の下士官兵卒の専用軍刀であった。

「三十二年式軍刀—甲」は乗馬襲撃時の使用に特化して、馬上での運用を顧慮して刀身が長く作られているのが特徴である。

三十二年式軍刀—乙

「三十二年式軍刀—乙」は騎兵科以外の兵科の帯刀本分者である下士官兵卒用の専用軍刀であり、司令部・本部付の下士官兵卒が佩用した。

三十二年式軍刀諸元

	全長	刀身長	刀身重量	鍔元よりの重心位置	全備重量	柄材
甲	1002ミリ	835ミリ	925グラム	129ミリ	1500グラム	ぶな くるみ さくら
乙	935ミリ	774ミリ	850グラム	164ミリ	1400グラム	

また、下士官の最高階級である「曹長」が佩用したことから「曹長刀」の別名がある。

見習士官刀

明治二十五年に「見習士官」のみが佩用する「見習士官刀」が制定される。

この「見習士官刀」は一般兵科用の「見習士官刀」と、刀身長が長い騎兵科専用の「騎兵見習士官刀」の二タイプがあった。

「見習士官刀」の外見は「三十二年式軍刀」に酷似しているものの、刀身が日本刀形式ではなく洋剣タイプの刀身長の先端より約三分の一までの部分が両刃形式となっているほか、柄材が木製ではなく水牛角製であった。

「見習士官刀」は見習士官を預かる「聯隊」ないし「大隊」の指揮機関である「聯隊本部」「大隊本部」の「保管兵器」として二～四振が備えられており、部隊に赴任した見習士官に貸与された。

見習士官刀

	全長	刀身長	刀身重量	鍔元よりの重心位置	全備重量	柄材
見習士官刀	916ミリ	775ミリ	370グラム	120ミリ	1000グラム	水牛角
騎兵見習士官刀	956ミリ	787.5ミリ	570グラム	135ミリ	1100グラム	水牛角

銃剣

陸軍創設期に「幕府軍」より引き継がれた多種多様の洋式小銃は、三十九種類の合計十七万挺の数にのぼり、その中で歩兵用の長銃身の「歩兵銃」には対として同数の「銃剣」ないし「銃槍」が附属品としてセットされていた。

明治七年になると陸軍は「幕府軍」より引き継いだ十七万挺の小銃を含む、保有している三十九種類十八万千挺の洋式小銃を調査・整理・分類して、これらの中から陸軍の使用する「陸軍小銃制式」が定められた。

この「陸軍小銃制式」のうち、歩兵用の「歩兵銃」として「アルビニー銃」「スナイドル銃」「シャスポー銃」「エンピール銃」の四銃が選ばれた。「アルビニー銃」と「スナイドル銃」には「銃剣」があり、「シャスポー銃」

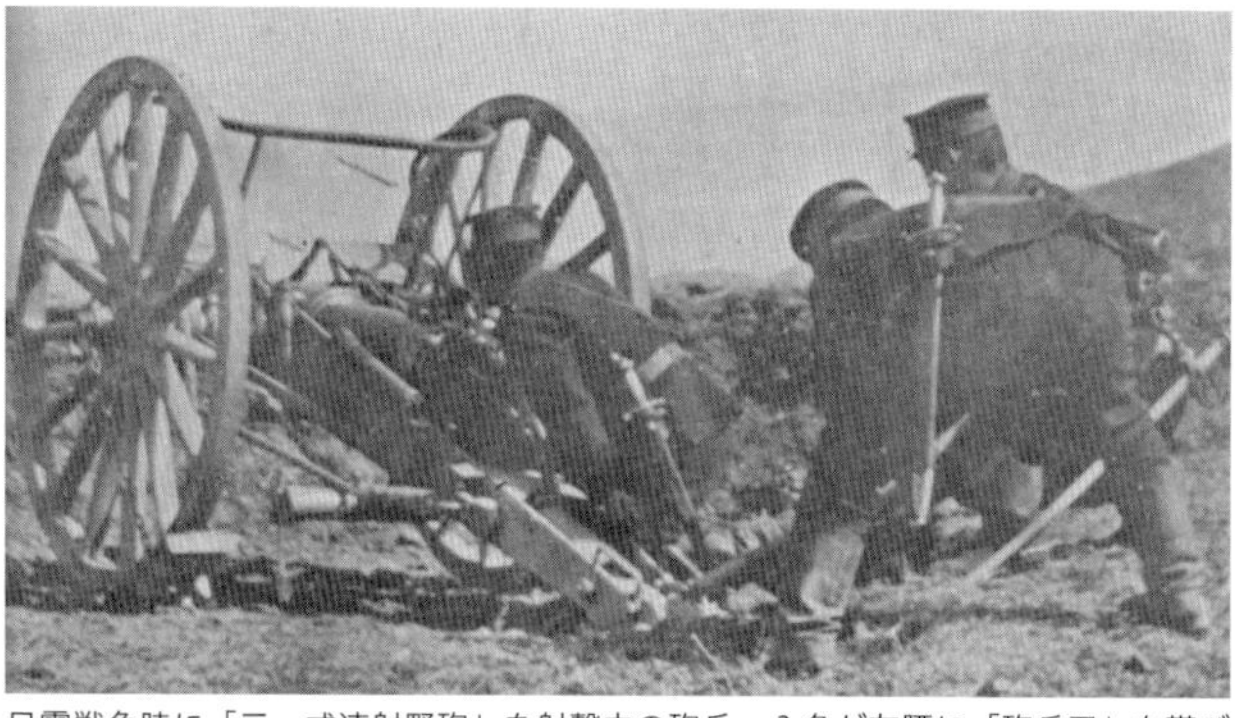

日露戦争時に「三一式速射野砲」を射撃中の砲兵。２名が左腰に「砲兵刀」を帯びている。「三十年式歩兵銃銃剣（三十年式銃剣）」の制定により「砲兵刀」「徒歩刀」は制度上は廃止となったものの、日露戦争では兵器不足から使用が続けられている

と「エンピール銃」には「銃剣」と「銃槍」の二タイプがあった。

国産小銃と銃剣

明治十年代に入り国産小銃である「村田歩兵銃」の制定後の陸軍の基幹銃剣は、「十三年式村田歩兵銃」用の「村田歩兵銃銃剣（十三年）」と「十八年式村田歩兵銃」用の「村田歩兵銃銃剣（十八年）」があった。

この国産小銃と併せて、既存の前装式であった「エンピール銃」を後装式に改造した銃である「エンピール・スナイドル銃」用の「エンピール・スナイドル銃銃剣」が、後方部隊用と予備兵器として整備された。

また、「日清戦争」の末期より、「二十二年式村田連発銃」の制定と併せて専用銃剣である「村田連発銃銃剣」が使用されている。

三十年式歩兵銃銃剣

明治三十一年になると「三十年式歩兵銃」の制定に併せて専用銃剣である「三十年式歩兵銃銃剣」が制定される。

この「三十年式歩兵銃銃剣」の制定に併せて、兵器の整備体系の簡略化を目的として既存の「砲兵刀」と「徒歩刀」は「三十年式歩兵銃銃剣」に代替されることとなった。

しかしながら「三十年式歩兵銃銃剣」の制定により制度上は廃止されたものの「日露戦争」では大規模な兵力動員による「三十年式銃剣」の不足に

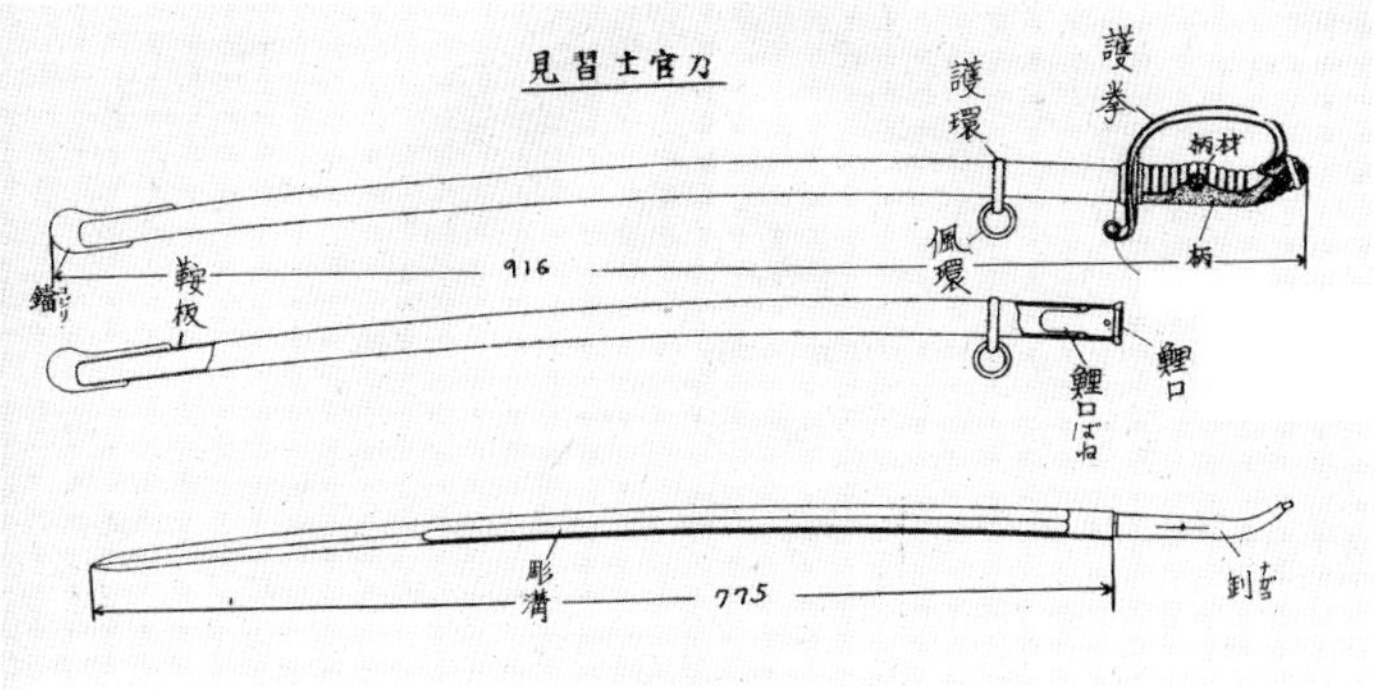

三十二年式軍刀

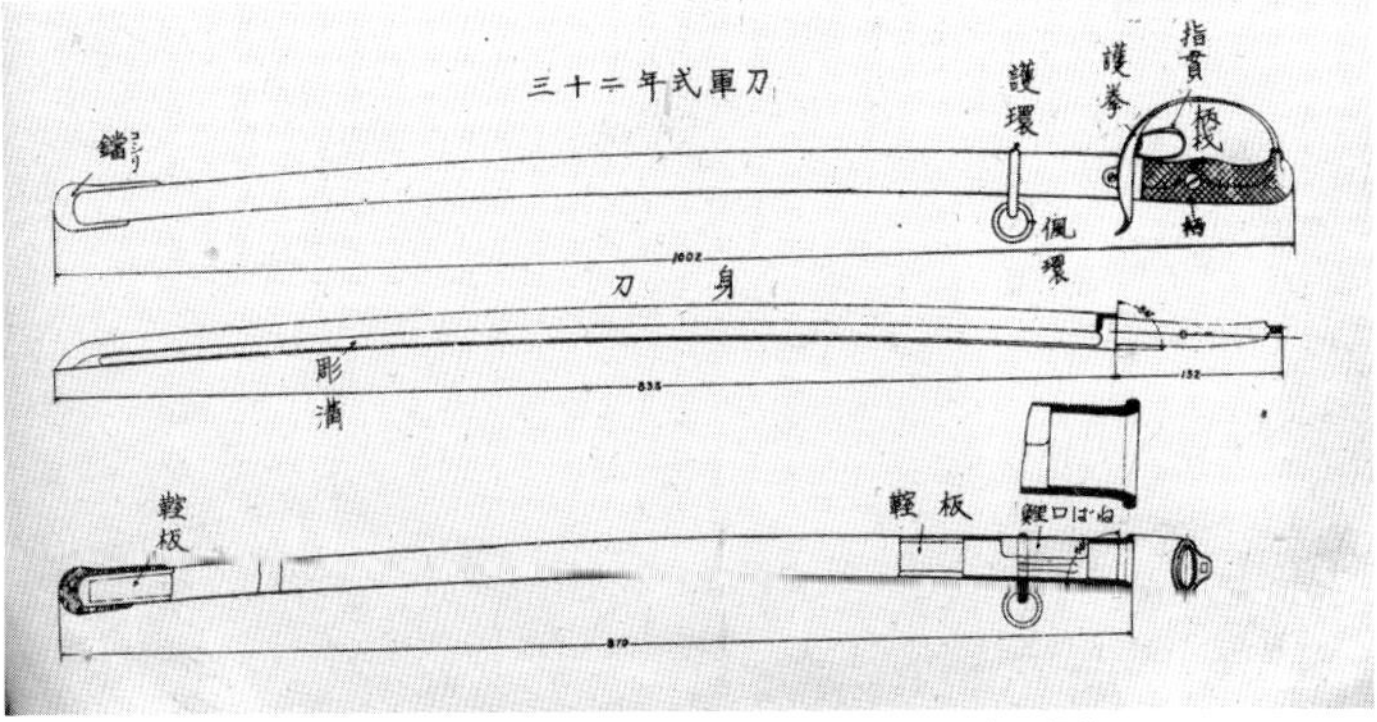

見習士官刀。刀身が日本刀形式をベースにしつつ先頭部分は両刃の洋剣スタイルとなっている

より兵器庫に保管されていた「砲兵刀」と「徒歩刀」は動員部隊に多数が配布されている。

三十年式銃剣

「日露戦争」後の明治三十九年に、新小銃として「三八式歩兵銃」と「三八式騎銃」の制定に続いて、翌明治四十年になると同年十二月十九日の陸普一四六四号で「三十年式歩兵銃銃剣」は「三十年式銃剣」と改称される。

この改称により「三十年式銃剣」は「三十年式歩兵銃」の専用銃剣ではなく「三十年式歩兵銃」「三八式歩兵銃」「三八式騎銃」の兼用銃剣となるとともに、既存の「砲兵刀」「徒歩刀」に代わり小銃を携帯しない下士官兵も全員が腰に帯びるようになる。

また「三十年式銃剣」の制定と併せて、「銃剣」のみを装備する下士兵卒と輜重輸卒の自衛戦闘用として「銃剣」のみでの戦闘を行なう「短剣術」の教育が開始されている。

・三十年式銃剣諸元
全長：五二五㎜
全備重量：六九〇グラム
柄材：ぶな、くるみ、さくら

騎兵槍

「騎兵槍」は騎兵の制式兵器であり、元々は欧州の軽騎兵の持つ槍を模した乗馬襲撃の際に馬上からの刺突に特化した兵器であるが、我が国では戦闘用として用いられることはなく近衛騎兵の儀仗用として供奉時に用いられた。

明治から大正期に用いられた「騎槍」は、初期タイプの「騎槍」と改良型の「騎兵槍」の二種類が存在した。

騎槍

明治二十年代に制定された初期タイプの「騎兵槍」は「騎槍」の呼称で呼ばれており、刺突専用の「鋒身（穂

騎兵槍諸元

	全長	刃部身長	全備重量	柄材
騎槍	2506ミリ	101ミリ	2506グラム	樫
騎兵槍	2506ミリ	86ミリ	1320グラム	樫

大正中期に撮影された「騎兵第十八聯隊」の兵卒。左腰に騎兵専用の「三十二年式軍刀―甲」を吊っている。一般兵科用の「三十二年式軍刀―乙」に比べて、馬上よりの使用に特化した長い刀身の様子がわかる一葉である

大正期後半の演習中の「歩兵第十三聯隊」の将兵を捉えた一葉。突撃訓練の折の撮影であり、写真右手2名の兵卒は「小銃」を携行しない「軽機関銃」の「弾薬手」であるために、突撃に際しては左腰に下げている「三十年式銃剣」を抜いての突撃を行なう

先)」は全長百一ミリで断面が正三角形のスパイク状であった。

柄は樫材製であり、供奉時には「装旗環」と呼ばれる二つのリングを用いて紅白の三角旗を付けることができる。

全長二千五百六センチ・重量二千十グラムである。

騎兵槍

「騎兵槍」は日露戦争後に既存の「騎槍」を改良した近衛騎兵の供奉専用の槍であり、名称が「騎槍」より「騎兵槍」へと改称されている。

改良に際して柄の重量が軽減されており、刀剣鋼製の刺突用の刃部の全長は八十六ミリとなり、全長二千五百六センチ・重量千三百グラムである。また穂先よりの重心位置は穂先より千ミリであった。

供奉時には「騎槍」同様に、樫製の柄にある「装旗環」に旗を付けることが出来た。

小銃❶

リー・エンフィルド型一九〇七年式三号型小銃、モーゼル型一八九八年式小銃、カルカノ型一八九一年式小銃等、陸軍歩兵学校が輸入した欧米の小銃及び自動小銃を紹介！

第3話

小銃の趨勢

「日露戦争」後の欧米列強の基幹小銃の主流は、速射可能な「回転鎖《かいてんさ》閂式《さんしき》」の射撃機構と「挿弾子《そうだんし》（クリップ）」による迅速な給弾により機関部に数発の予備弾薬を有する「尾筒《びとう》（尾槽）弾倉式連発銃」がメインであった。

大正五年の時点で「陸軍歩兵学校」は「三八式歩兵銃」との比較を兼ねて欧米主要陸軍の基幹小銃九挺と自動小銃一挺を輸入している。

以下に「陸軍歩兵学校」が輸入した、欧米の小銃九挺と自動小銃一挺（第4話で紹介）を述べてみる。

英国リー・エンフィルド型一九〇七年式三号型小銃

英国の「リー・エンフィルド型一九〇七年式三号型小銃」は、回転鎖閂式の連発銃であり十発入りの着脱式弾倉により給弾が行なわれた。

「照尺」の最大距離は千八百ヤードであるが、「補助照準器」により最大二千八百ヤードまでの遠距離射撃が可能であった。

「リー・エンフィルド型一九〇七年式三号型小銃」は、一八八八年に制定された「リー・メットフォード型一八八八年式リー小銃」の改良版で、一八九五年に制定された「リー・エンフィルド型一八九五年式年式小銃」が母体である。

この「リー・エンフィルド型一八九五年式小銃」をベースとして銃の全長を詰めて短銃身化すると共に射撃機構の改良を施して一九〇七年に制定された英国の基幹歩兵銃であった。

仏国　レベル型一八九三年式小銃

仏国の「レベル型一八九三年式小銃」は回転鎖閂式の八連発銃であるが、弾倉が日本の「二十二年式村田連発銃」と同様に銃身下にチューブ式弾倉を備えた前床弾倉式連発銃である。最大射程は二千メートルであった。

この「レベル型一八九三年式小銃」は一八七四年に制定された単発回転鎖閂式の「グラース型一八七四年式小銃」に代わり、一八八六年に制定され

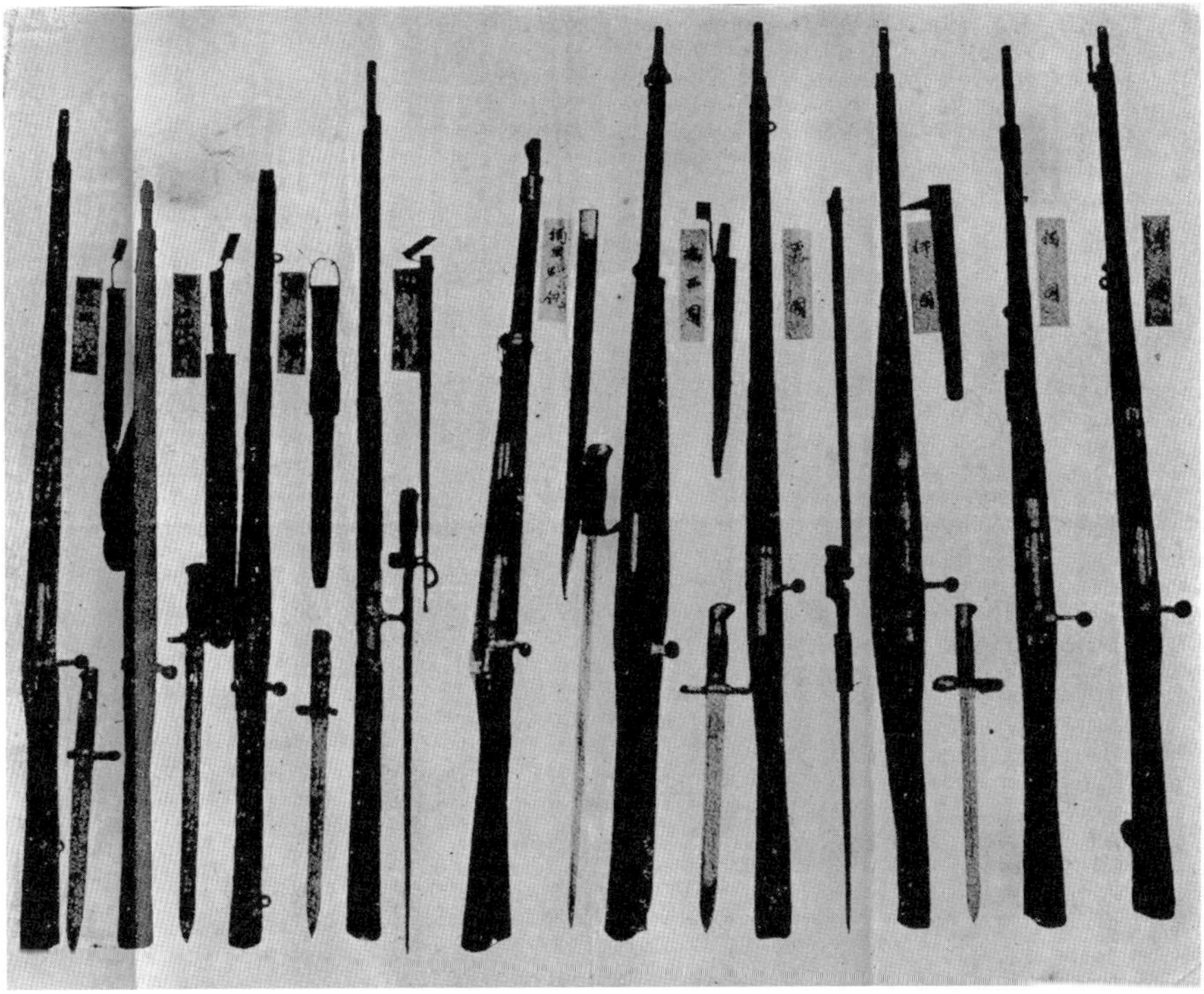

「陸軍歩兵学校」が大正期前半に輸入した欧米列強の小銃。手動式連発銃九挺と自動小銃一挺を輸入して「三八式歩兵銃」との比較試験を行なっている

た、世界初の無煙火薬を用いる前床弾倉回転鎖閂式の「レベル型一八八六年式小銃」の改良型である。

また、「レベル型一八八六年式小銃」の装弾方式を、既存の「前床弾倉式」より速射性能に優れた「挿弾子《そうだんし》（クリップ）」を用いる「尾筒《びとう》（尾槽）弾倉式連発銃」に改良した「ベルチェ型一八九〇年式小銃」がある。

「ベルチェ型一八九〇年式小銃」の「挿弾子」は三発であったために、後に五発装填の「挿弾子が使用可能な改良銃」が一九一六年に「ベルチェ型一九一六年式小銃」として制定される。

なお、「ベルチェ型一九一六年式小銃」の制定後も、「レベル型一八九三年式小銃」はフランス陸軍の基幹歩兵銃として「ベルチェ型一九一六年式小銃」と併設して用いられた。

ロシア　モシンナガント型一八九一年式小銃

ロシアの「モシンナガント型一八九一年式小銃」は一八九一年に制定された回転鎖閂式の五連発銃で、最大射程は一九二〇メートルであった。

銃剣はスパイクタイプの「銃槍」形式であり、外すことはなく常時に銃に着剣しておくことが通例とされていた。

米国 アンムニション型一九〇三年式小銃

米国の「アンムニション型一九〇三年式小銃（別名「スプリングフィールド型一九〇三年式小銃」）」は一九〇三年に制定された回転鎖閂式の連発銃であり、給弾は「挿弾子」により五発の装填を行なう。

米国陸軍初の後装式小銃は一八七三年に制定された、「スプリングフィールド型一八七三年式小銃」は黒色火薬を用いる「莨嚢式《ろくのうしき》」給弾機構を持つ単発銃であり、一八九二年になると「ス

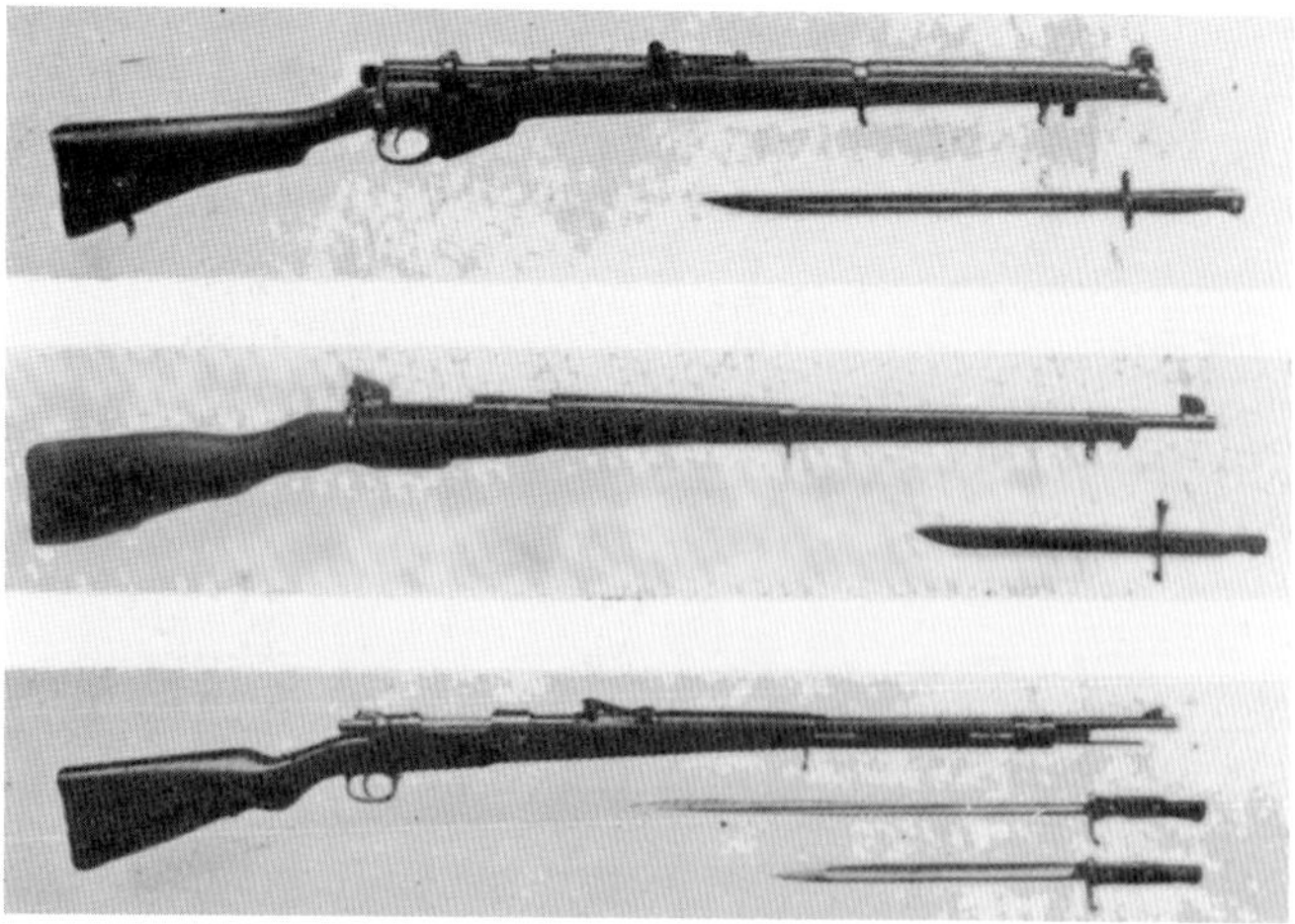

日露戦争後より欧州大戦期に陸軍が収集した欧米の小銃−1。上より英国「リー・エンフイルド型一九〇七年式三号型小銃」、カナダ「ロス型一九〇五式小銃」、スペイン「モーゼル型一八九三年式小銃）」

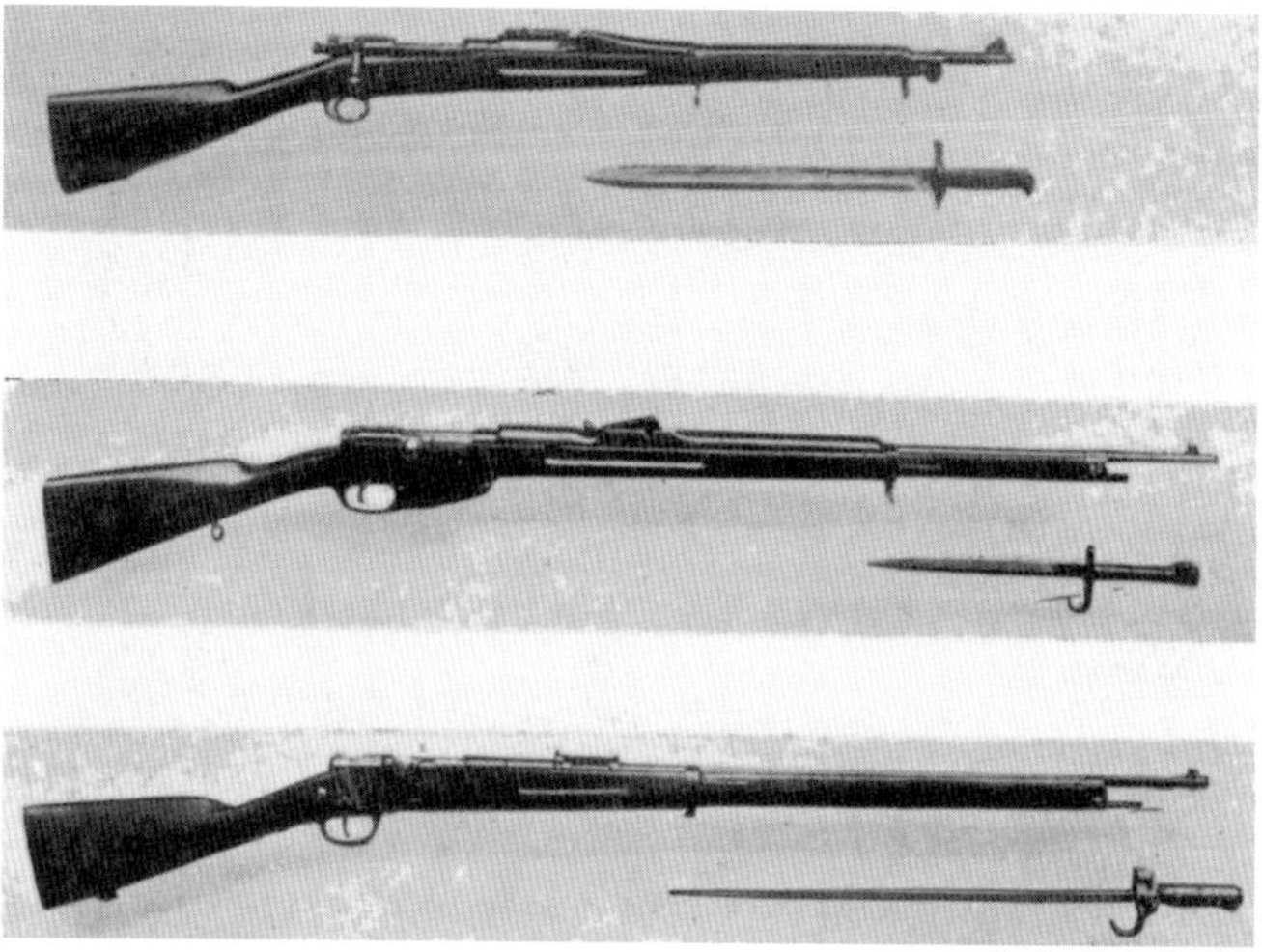

日露戦争後より欧州大戦期に陸軍が収集した欧米の小銃−2。上より米国「アンムニション型一九〇三年式小銃（別名「スプリングフィールド式」）」、オランダ「マンリッヘル型小銃」、フランス「レベル型一八八六年式小銃」

プリングフィールド型一八七三年式小銃」に替わり「スプリングフィールド型一八九二年式小銃」が制定される。

「スプリングフィールド型一八九二年式小銃」は、無煙火薬使用の回転鎖閂式連発銃であり、給弾は銃機関部にある固定弾倉に対して銃機関部右側面にある給弾孔より五発の弾薬を手動で行ない、固定弾倉は「二十二年式村田連発銃」同様に「連発機（マガジンカットオフシステム）」の連発と単発の切り替えにより、連発射撃と単発射撃が可能であった。

ドイツ　モーゼル型一八九八年式小銃

ドイツの「モーゼル型一八九八年式

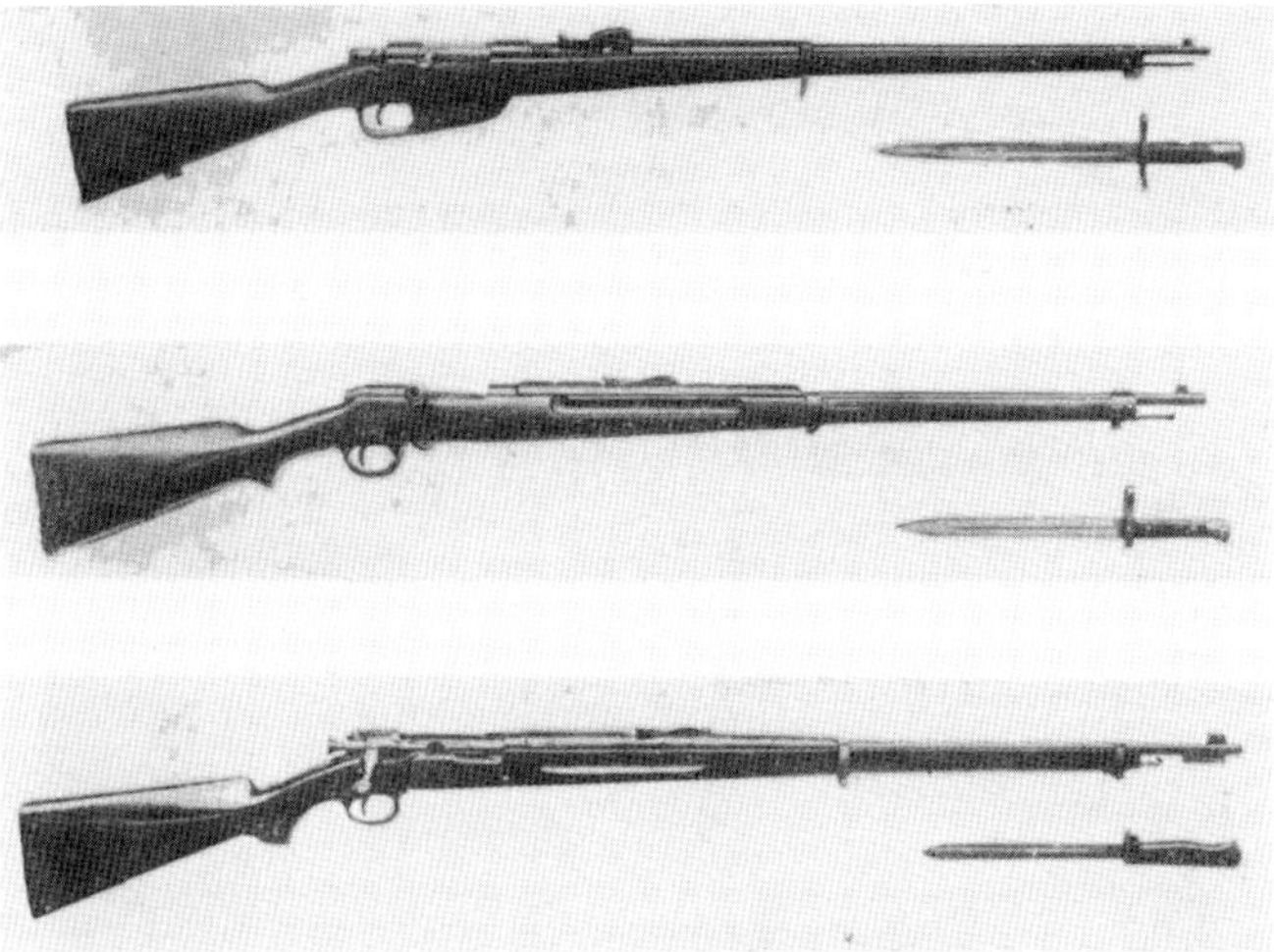

日露戦争後より欧州大戦期に陸軍が収集した欧米の小銃−3。上よりイタリー「マンリッヘル・カルカノ型小銃」、ギリシャ「マンリッヘル・ショーナワー型小銃」、ノルウェー「クラーグ・ヨルゲンゼン型小銃」

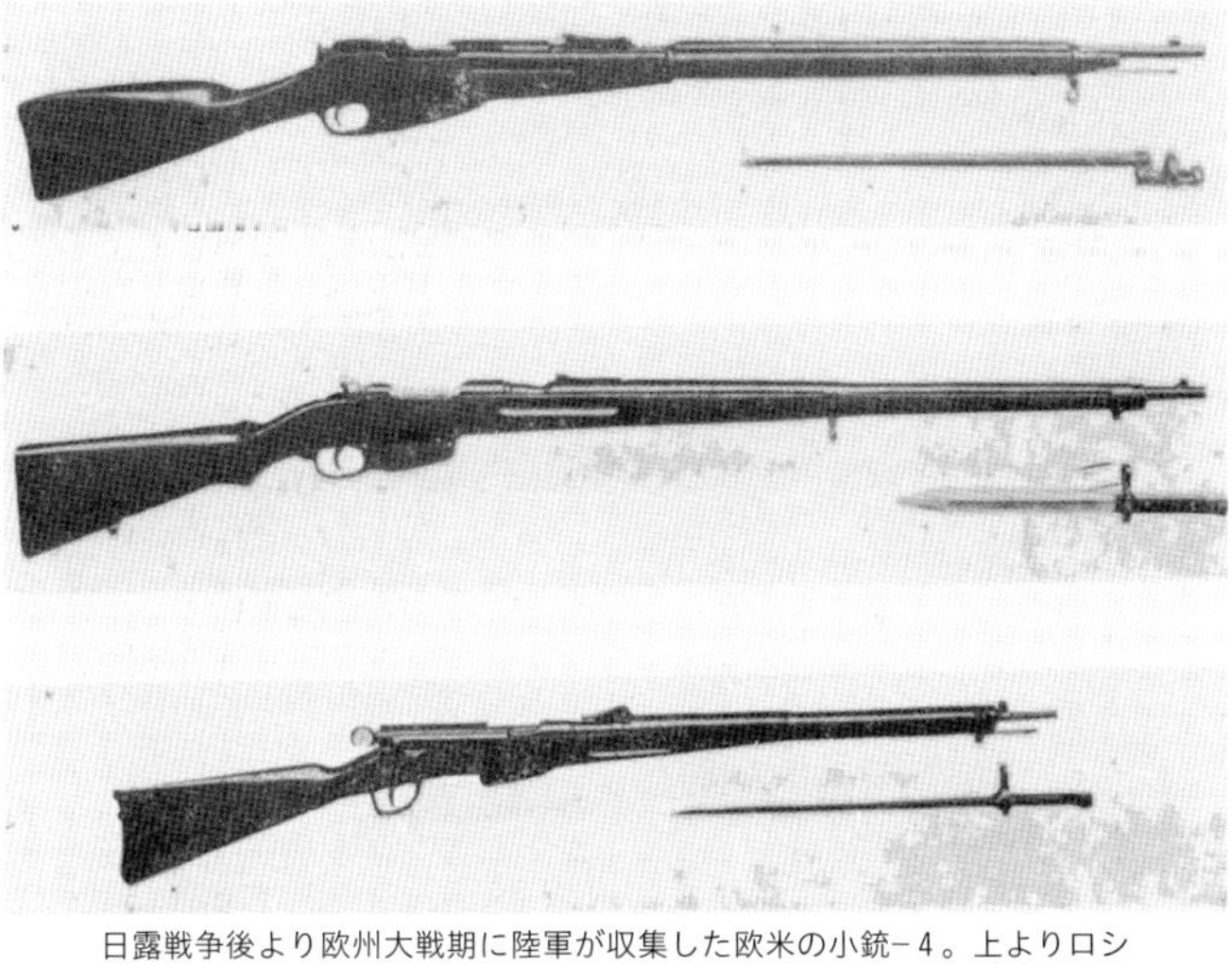

日露戦争後より欧州大戦期に陸軍が収集した欧米の小銃−4。上よりロシア「モシンナガント型小銃」、オーストリア「マンリッヘル型小銃」、スイス「シュミットリュバン型小銃」

小銃」は一八九八年に制定された回転鎖門式の五連発銃であり、給弾は「挿弾子」により行なう。

ドイツ軍の小銃の流れは、口径十五・四ミリの紙製薬莢を用いる回転鎖門式単発の「ドライゼ型一八四一年式小銃」に替わり、一八七一年になると口径十一ミリの金属製薬莢を用いる回転鎖門式単発の「モーゼル型一八七一年式小銃」が制定される。

一八八四年になると単発の「モーゼル型一八七一年式小銃」の銃身下に八連発の筒型弾倉を装備した「前床弾倉式」の「モーゼル型一八八四年式連発小銃」が制定される。

続いて一八八八年になると口径七・九二ミリの無煙火薬を用いる「挿弾子」を用いる五連発の「一八八八年式小銃」が制定され、その十年後の一八九八年に改良タイプの口径七・九二ミリの「一八九八年式小銃」が制定されている。

イタリー　カルカノ型一八九一年式小銃

イタリーの「カルカノ型一八九一年式小銃」は、回転鎖門式の連発銃であり「挿弾子」により六発の装填が可能で、最大射程は二千メートルであった。

「カルカノ型一八九一年式小銃」の沿革は、一八七〇年にイタリー軍に制式制定された口径十・三ミリの単発回転鎖門式の「ベッテルリ型一八七〇年式小銃」に替わり、一八九一年に制定された小銃である。

前身となる「ベッテルリ型一八七〇年式小銃」は一八八七年になると連発銃への改修が行なわれた。これは銃身下部に四発の弾薬を収納するチューブマガジンを装備することで「単発式」から「前床弾倉式連発銃」への改修であり、この改修された小銃は改修時の年号を冠して「ベッテルリ型一八八七年式小銃」と呼ばれた。

また、一九一五年には、「カルカノ型一八九一年式小銃」の実包が発射可能なように一部の「ベッテルリ型一八七年式小銃」の銃身と薬室の交換改修を施した「ベッテルリ型一九一五年式小銃」が制定されている。

スイス　シュミットリュバン型一八八九年式小銃

スイスの「シュミットリュバン型一八八九年式小銃」は一八八九年に制定されたスイス軍の制式小銃であり、射撃機構は回転鎖門式の中でも「柄桿」を起こしてから後方に引くスタンダードな形式ではなく、「柄桿」を後方に引いて装填を行なう「水平回転鎖門式（ストレートプルボルトアクション）」と呼ばれるシステムを採用していることである。

「水平回転鎖門式」は「回転鎖門式」に比べて、「柄桿」の移動距離が短いために速射性に優れている反面、機関部が複雑な構造となるために、砂塵等による動作不良等の問題が常に発生していた。

装弾方式は着脱式の弾倉で行なわれ、弾倉には十二発の弾薬が収納可能であった。

「シュミットリュバン型一八八九年式小銃」は、その後も射撃機構の改良や使用弾薬の改良が行なわれている。

オーストリア マンリッヘル型一八九五年式小銃

オーストリアの「マンリッヘル型一八九五年式小銃」は一八九五年に制定された「水平回転鎖閂式」の五連発銃である。

「水平回転鎖閂式」を持つ銃は、この他にカナダ軍が一九〇五年に制式制定した「ロス型一九〇五年式小銃」等がある。

スペイン モーゼル型一八九三年式小銃

スペインの「モーゼル型一八九三年式小銃」は口径七ミリ五連発の回転鎖閂式連発銃である。

「モーゼル型一八九三年式小銃」はドイツのモーゼル製銃社が一八九三年に開発した軍用小銃であるがドイツ陸軍に制式採用されることはなく、口径を変えて輸出小銃として主にスペインへ輸出されたために「スパニッシュモーゼル」の別名を冠している。

列強小銃一覧　大正5年

国名	名称	緒元	
英国	リー・エンフイルド型一九〇七年式三号型小銃	全長	1130ミリ
		重量(除銃剣)	4065グラム
		口径	7.7ミリ
		装弾数	10発
		作動方式	回転鎖閂式
仏国	レベル型一八九三年式小銃	全長	1300ミリ
		重量(除銃剣)	4192グラム
		口径	8ミリ
		装弾数	8発
		作動方式	回転鎖閂式
ロシア	モシンナガント型一八九一年式小銃	全長	1300ミリ
		重量(除銃剣)	3990グラム
		口径	7.6ミリ
		装弾数	5発
		作動方式	回転鎖閂式
米国	アンムニション型一九〇三年式小銃	全長	1100ミリ
		重量(除銃剣)	3970グラム
		口径	7.6ミリ
		装弾数	5発
		作動方式	回転鎖閂式
ドイツ	モーゼル型一八九八年式小銃	全長	1250ミリ
		重量(除銃剣)	4105グラム
		口径	7.9ミリ
		装弾数	5発
		作動方式	回転鎖閂式
イタリー	カルカノ型一八九一年式小銃	全長	1250ミリ
		重量(除銃剣)	3800グラム
		口径	6.5ミリ
		装弾数	5発
		作動方式	回転鎖閂式
スイス	シュミットリュバン型一九〇八年式小銃	全長	1300ミリ
		重量(除銃剣)	4500グラム
		口径	7.5ミリ
		装弾数	12発
		作動方式	水平回転鎖閂式
オーストリア	マンリッヘル型一八九五年式小銃	全長	1270ミリ
		重量(除銃剣)	4490グラム
		口径	8ミリ
		装弾数	5発
		作動方式	水平回転鎖閂式
スペイン	モーゼル型一八九三年式小銃	全長	1600ミリ
		重量(除銃剣)	3900グラム
		口径	7ミリ
		装弾数	5発
		作動方式	回転鎖閂式

第4話

小銃❷

「三十年式歩兵銃」に替わる国軍基幹小銃として採用された、「三八式歩兵銃」の二回にわたる改正内容及び、新兵器である「自動小銃」を紹介！

三八式歩兵銃の改正

「日露戦争」後の明治三十九年に制定された「三八式歩兵銃」は、既存の「三十年式歩兵銃」に替わる国軍基幹小銃として、平時の常備軍の装備兵器の更新と併せて、戦時における動員部隊用の装備である「戦用歩兵銃」としての備蓄・整備が開始されていた。

この「三八式歩兵銃」は、大正期において二回の改正が行なわれている。

一回目の改正は大正二年の弾薬の改正であり、この「弾丸」の改正に続いて「火薬」と「薬莢」と「駐刻」の三点の改正も行なわれた。

二回目の改正は大正十年であり、銃腔内に施されていたライフリングの改正が行なわれた。

弾薬の改正

「三八式歩兵銃」の弾薬には、戦闘用の「実包」と訓練用の「空砲」「擬製弾」と射撃演習用の「狭搾射撃実包」の四種類がある。

このうち「実包」は「三八式銃実包」と呼ばれ、重量二十一グラムで発射用の装薬として無煙火薬である「無煙小銃薬」二・一グラムが収められており、尖頭系の形をした「弾丸」は直径六・五ミリ、全長三十二ミリ、重量九グラムであった。

大正二年二月の改正により旧弾薬との混同防止の見地より、既存の明治四十年制定のタイプは「旧三八式弾丸（通称「三八旧弾」）」、新型の大正二年制定のタイプを「新三八式弾丸（通称「三八新弾」）」と呼称した。

弾丸の改正点は、弾丸重量はそのままの状態で、従来は弾丸の表面を〇・四ミリの厚さで均一に覆っていた被甲を、弾丸の命中時の変形を防ぐための抗力増加とライフリングへの適合により腔圧・圧塞を確実にするために、弾丸の先端部より中央までの被甲の肉厚を増大させると共に、弾丸後半の肉厚を減少させた点である。

改正後の弾薬は射撃試験の結果でも、「三八新弾」は「三八旧弾」に比べて

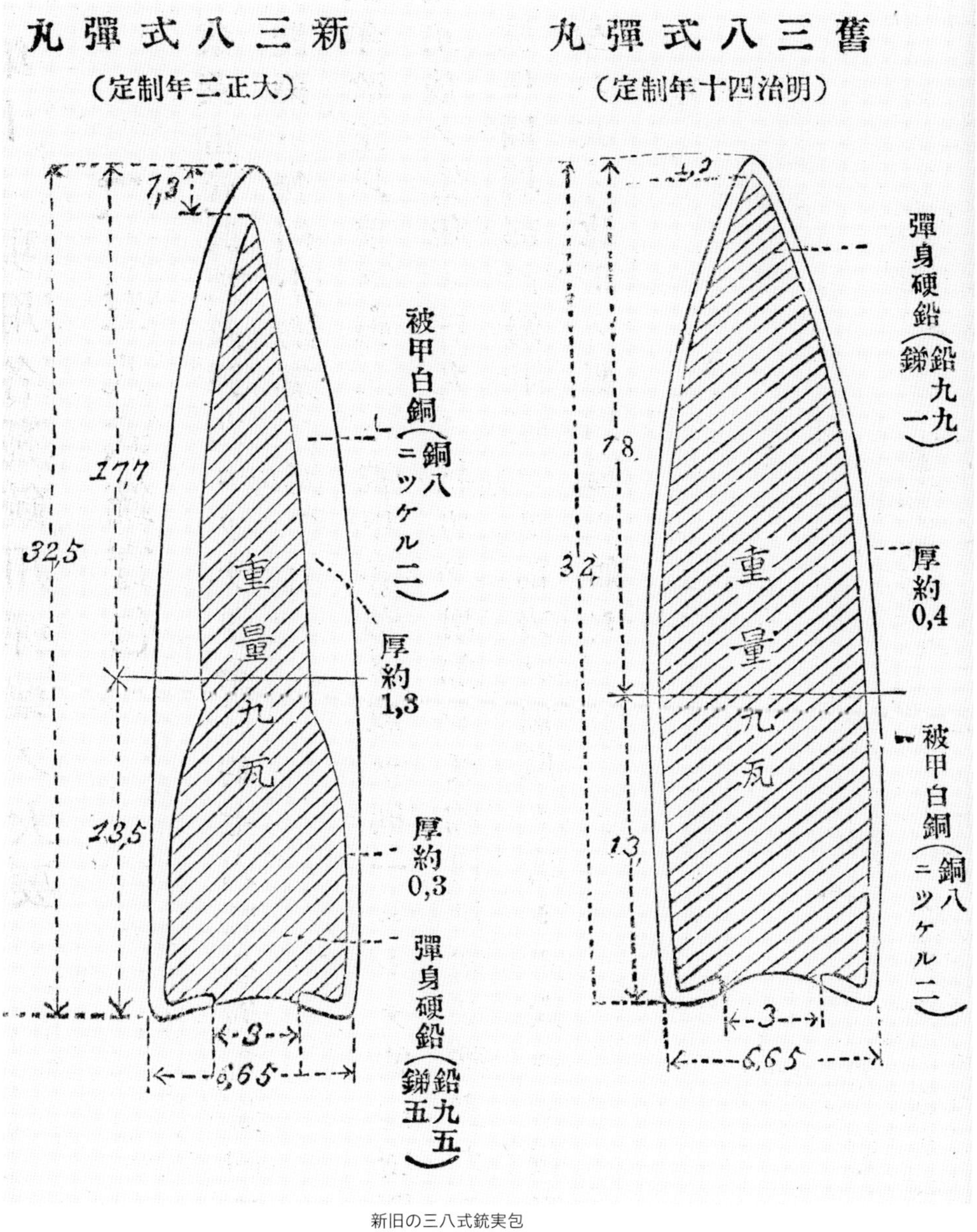

新三八式彈丸
（大正二年制定）
1,3
17,7
32,5
13,5
3
6,65
被甲白銅（銅八ニッケル二）
厚約1,3
厚約0,3
彈身硬鉛（鉛九五銻五）
重量九瓦
舊三八式彈丸
（明治四十年制定）
18
32
13
3
6,65
彈身硬鉛（鉛九九銻一）
厚約0,4
被甲白銅（銅八ニッケル二）
重量九瓦

新旧の三八式銃実包

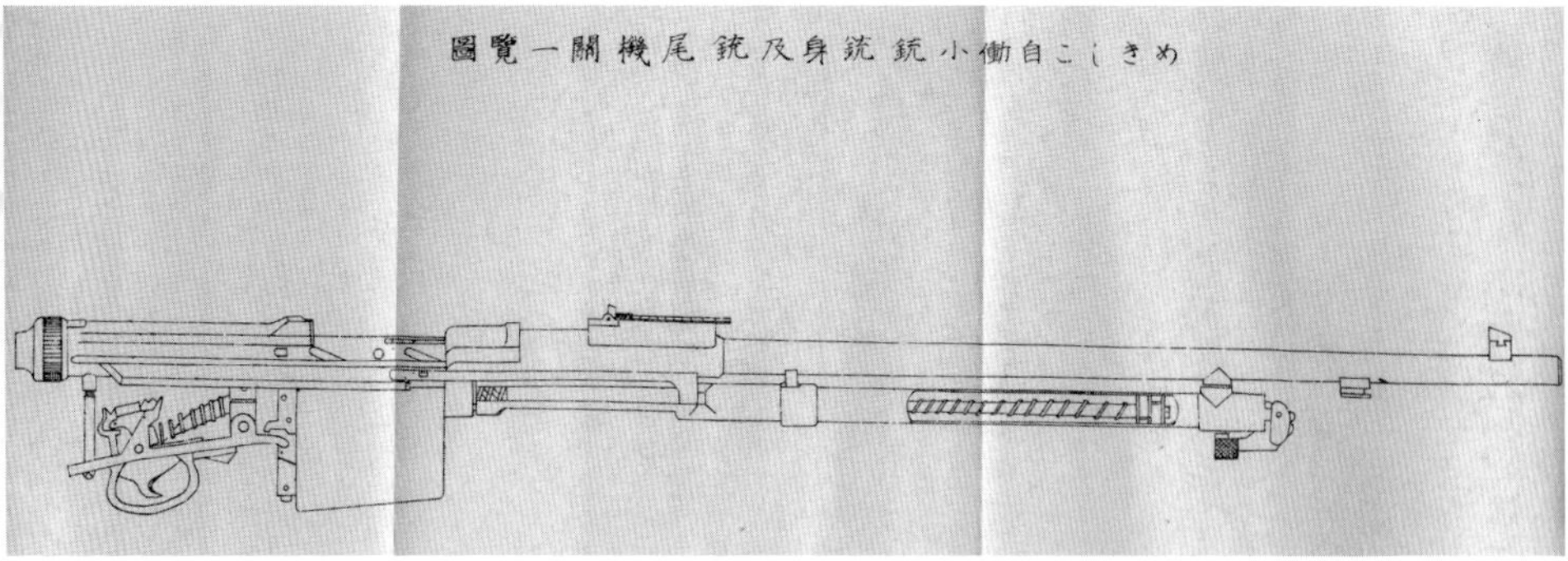

「墨国一九〇九年式自動小銃（めきしこ自働小銃）」の機関部

命中率・侵徹力に優れているほか、ライフリングが摩耗した銃による射撃でも「三八新弾」は「三八旧弾」よりも良好な命中率であった。

　この「三八新弾」は大正二年四月より部隊支給が開始された。

　火薬の変更は、発射薬に安定剤を加えることで発射薬の燃焼効率を向上させたものであり、従来の「旧火薬」のストックを使い切ってから、燃焼剤を添加した「新火薬」による弾薬製造が行なわれた。

　このために、「新火薬」を充填した弾薬の部隊支給は大正三年七月からとなった。

「薬莢」の改正では、弾薬の長期保存時の薬莢の破損を防ぐために、薬莢用地金の「黄銅」の成分を従来の「銅」六十五、「鉛」三十五の割合を、大正二年より「銅」六十七、「鉛」三十三に変更した。

「駐刻」の改正では、従来の弾薬は薬莢底部に弾薬の整備年度等の刻印を打刻したものであったが、この打刻が薬莢底部の強度に影響して射撃時に薬莢底部の「雷管室」と「雷管」の間からの「ガス漏出」の発生原因となり、酷い場合は「脱管」と呼ばれる「雷管」が飛び出る現象を発生させる場合もあった。

　この「脱管」は「機関銃」射撃時に多くみられ、銃器の機関部の破損の原因となるほか、射手への危害を与えることもあり、この「ガス漏出と「脱管」防止の見地から大正二年より薬莢底部への「駐刻」が廃止となった。

新旧弾薬の区別

「新式実包」と「旧式実包」との混同を避けるために、十五発ずつ弾薬を包む「紙函」の上面に付けられる「標紙」と呼ばれるラベルには、弾薬名標記の文字を囲む外円を「三八旧弾」では方形、「三八新弾」では楕円形にして識別を容易にした。

　また、「旧火薬」と「新火薬」の区別面では、「紙函」の「標紙」に記されている製造ロット番号や日付にある数字部分を、「旧火薬」充填のロットは「赤色」、「新火薬」充填のロットでは「青色」で表示したほか、「弾薬箱」にも「新火薬」を示す青色の識別標記が付けられていた。

ライフリングの改正

大正十年になると銃身内の発錆防止の見地より、従来まで「三八式歩兵銃」「三八式騎銃」「四四式騎銃」の銃身に六条が刻まれていたライフリングは、四条に変更されている。

生産面では、大正十年の生産タイプより四条の形態に変更されている。

自動小銃の出現

明治期後半より、「機関銃」や「軽機関銃」とは別に兵卒個々が携帯する連発式の「歩兵銃」を手動ではなく発射時のガスや反動で連続発射が可能な「自働小銃」の開発が各国で着手された。

明治末葉から大正初期の段階での「自働小銃」の自働連発機構は、発射ガスないし反動を連発の原動力として、大別して「銃身後坐式」「銃身前坐式」「銃身不動式」「平行筒ヲ有スル不動銃身式」の四パターンが存在していた。

この時期の「自働小銃」の定義は、「機関銃」と異なり兵員一名で携行が可能な「小銃」の規模で発射時のガスないし反動を「連発原動力」として、「機関銃」のような連発射撃（フルオート）ではなく引金を引くごとに単発連射（セミオート）が可能な銃を意味しており、自働射撃と言う利点に対して、欠点として整備性・価格と併せて自動化されたことによる弾薬消耗が挙げられていた。

日本での「自働小銃」の開発は、「欧州大戦（第一次世界大戦）」下での戦訓と情報を基として大正九年七月に「陸軍技術本部」が定めた新兵器の開発方針である「陸軍技術本部兵器研究方針」の中にある歩兵兵器の範疇に「自動小銃」の開発が盛り込まれたのが最初であるが、この時期は「軽機関銃」と「歩兵砲」の開発が優先となっていたために、「自動小銃」の開発は昭和期まで延期されている。

ただし情報収集は早い時期より頻繁に行なわれており、明治三十九年の時点で駐在武官が欧州で出現した「自働小銃」を「自働発射銃」の名称で陸軍省に報告しているほか、試作段階のメキシコ製「墨国一九〇五年式自動小銃」を「モンドラゴン式自働発射銃」の名称でスペックの調査を行なっている。

また、大正五年の時点でメキシコ軍制式兵器である「墨国一九〇九年式自動小銃」をサンプルとして陸軍が輸入して「陸軍歩兵学校」で試験が行なわれているほか、「欧州大戦」下でも自動小銃の情報収集は引き続き行なわれており、フランス軍制式の「仏国一九一七年式自動小銃」「仏国一九一八年式自動小銃」等の情報も入手している。

なお「自動小銃」は「自動拳銃」と同じく大正五年までは制式には「自働小銃」と記載されていたが、それ以降はオフィシャルには「自動小銃」と記されるようになるものの、大正末期まで「自働」と「自動」の記載は混在している。

墨西哥自動小銃

「墨西哥《メキシコ》自動小銃」は、メキシコ陸軍の「モンドラゴン将軍」が一九〇〇年に基本設計を行なった「墨国一九〇〇年式自動小銃」の機構をベースとして、スイスの「SIG《シグ》（Schweizerische Industrie Gesellschaft）製銃社」が一九〇八年にメキシコ陸軍向けに開発した「墨国一九〇九年式自動小銃」である。

　射撃機構は「平行筒ヲ有スル不動銃身式」と呼ばれる、銃機関部にある複座装置と呼ばれる連発機構のバネに繋がるピストンを、射撃時の発射ガス圧を利用して後退させて遊底を開閉させて、排莢と次弾装填を行なうシステムであり、手動の連発銃と異なる特記事項として陸軍は、「……射手ハ遊底ノ開閉ヲ要セス据銃シタル儘次發ノ撃發ヲ連續施行シ得ルナリ……」と記載している。

　使用弾薬はドイツの口径八ミリのモーゼル銃実包をスケールダウンした口径七ミリの専用実包が用いられ、小銃機関部の下部より弾倉により給弾される機構が取られていた。弾倉の装弾数は十発であった。

　また銃身下部には白兵戦用の銃剣を付けることが出来た。

・墨国一九〇九年式自動小銃
口径：七ミリ
重量：四一二〇グラム
装弾数：一〇発
初速：六八〇メートル

仏国一九一七年式自動小銃

「仏国一九一七年式自動小銃」は「欧州大戦」下でフランスが基幹小銃である「ベルチェ型一九一六年式小銃」ベースに開発した自動小銃であり、銃機関部の下部の金属覆を開いてから口径八ミリの小銃実包五発を「挿弾子」ごと装填する自動五連発の小銃であった。

　後に「仏国一九一七年式自動小銃」の装填不良と整備性を向上させた改良型の「仏国一九一八年式自動小銃」がある。

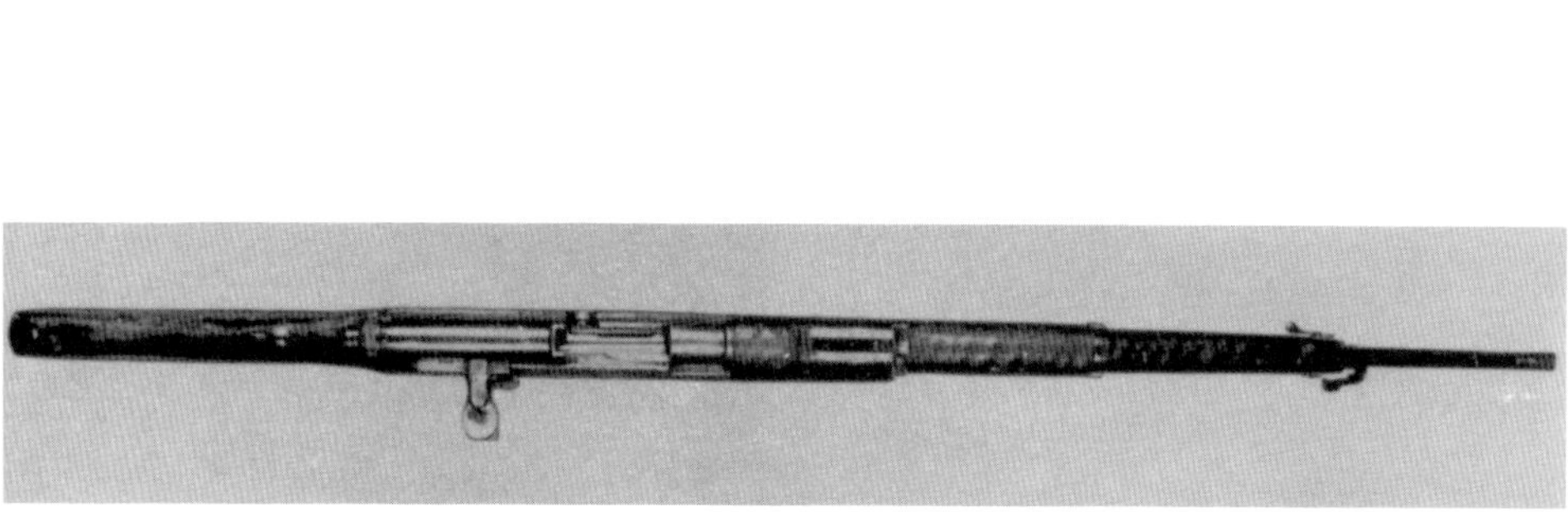

「墨国一九〇九年式自動小銃」の上面

このほかにも米国の「ベターゼン型自動小銃」、イタリアでは「ベッテルリ型一九一五年式小銃」をベースとした「ベッテルリ型自動小銃」があった。

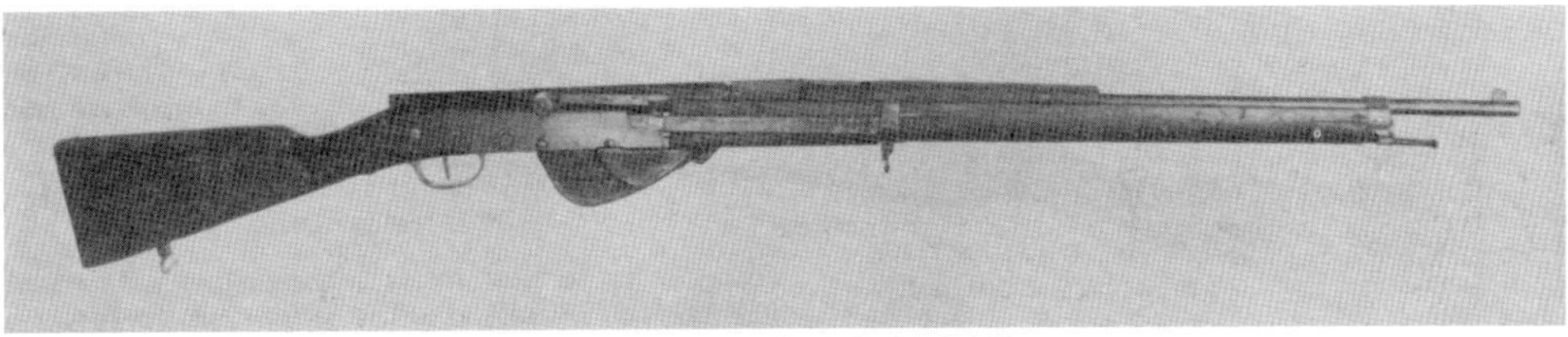

仏国一九一七年式自動小銃

機関銃❶

「銃隊」「弾薬小隊」「三脚架の改正」「機関銃の駄載」等、「保式機関銃」に替わり新たに制定された「三八式機関銃」の編成や、「三八式機関銃」の具体的な運用を紹介！

第5話

歩兵機関銃隊

明治四十年以降より、陸軍は各「歩兵聯隊」隷下の「聯隊本部」の直轄部隊として「歩兵機関銃隊」の編成・整備が続けられていた。

「歩兵機関銃隊」の装備する機関銃は「保式機関銃」に替わって新たに制定された「三八式機関銃」であり、戦闘部隊である「銃隊」と弾薬補給部隊である「弾薬小隊」より編成されていた。

この時期の機関銃は、使用弾薬は歩兵銃と同一であり弾薬の威力と射程は小銃と同様であった。弾薬の発射速度と収束弾道により小区域に大量の火力を集中することが可能であり、逆襲や膠着した戦局突破等の重要方面への集中投入による使用が主体であり、火砲のような長時間にわたる持久射撃は弾薬の消耗面からも顧慮されていなかった。

また日本では「日露戦争」での戦訓から機関銃の運用は、いかなる戦場で

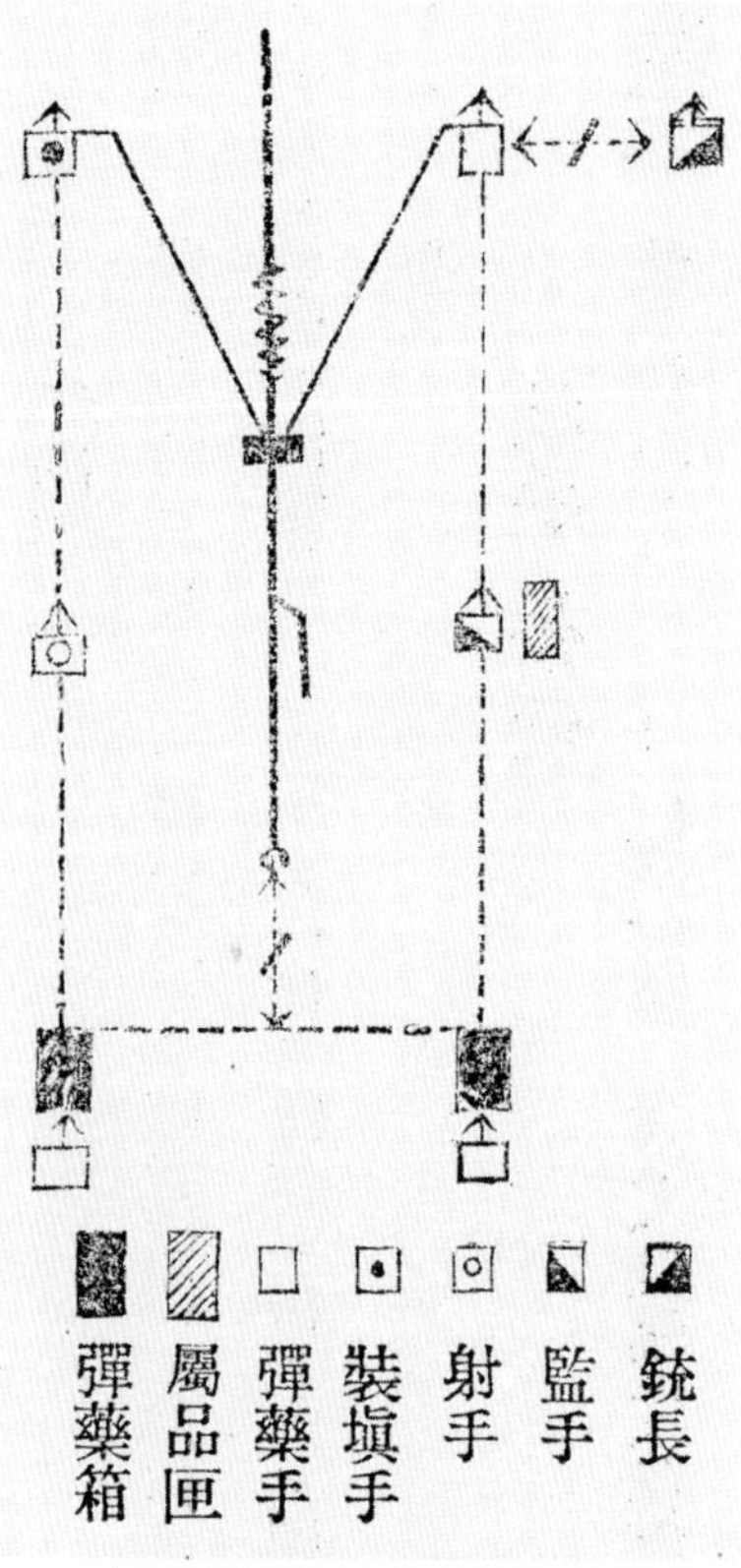

「三八式機関銃」の射撃時における「銃長」以下の位置関係図

も歩兵に随伴させて支援射撃を行なうために駄馬による駄載が主体とされた。

銃隊

「銃隊」は指揮官である将校を「銃隊長」として、隷下に六挺の「三八式機関銃」を装備していた。

「銃隊長」は歩兵科の「大尉」ないし「中尉」が務め、隷下の「銃隊」への伝令を兼ねた「喇叭手」二名を擁していた。

「銃隊」の各銃は「第一銃」～「第六銃」までの番号が付けられており、各銃は射撃指揮官である「銃長」と六名の「銃手」と駄馬取扱の二名の「駄卒」の人員九名と馬匹二頭より編成されていた。

「銃長」は「軍曹」ないし「伍長」の下士官ないし「上等兵」が務め、「銃手」は射撃動作の統括役である「監手」一名と射撃担当の「射手」一名と弾薬装填を行なう「装填手」一名と、「一弾薬手」「二弾薬手」「三弾薬手」の三名の「弾薬手」であった。

また、機関銃と弾薬を運搬する「駄馬」は、それぞれが「銃馬」と「弾薬馬」と呼ばれ、馬を扱う「駄卒」は、それぞれ「銃馬駄卒」「弾薬馬駄卒」と呼ばれた。

「監手」は戦闘に際しては「銃馬」から下ろした、機関銃の手入・修理器材を収めた「属品匣」と呼ばれる金属製の手提箱を常時に携帯した。

「銃馬」は「三八式機関銃駄馬具銃用」と呼ばれる機関銃搭載専用の駄鞍を付けており、鞍の左右に「銃」本体と「三脚架」を搭載して、鞍の上部に「属品匣」を載せる。

「弾薬馬」は、「三八式機関銃駄馬具弾薬用」と呼ばれる駄鞍の左右に六百発入りの弾薬箱二個ずつ計四箱（合計二千四百発）を搭載した。

「銃隊」隷下の各銃は、機関銃の特徴である連続射撃による火力効果を発揮させるために集中運用することが原則とされていたが、戦況に応じて聯隊隷下の各「歩兵大隊」ないし「歩兵中隊」に一銃宛に分散配属されるケースも多くあった。

また、分散運用の中で

各銃の編制

銃　長	
銃　手	監　手
	射　手
	装填手
	一弾薬手
	二弾薬手
	三弾薬手
馭　卒	銃馬馭卒
	弾薬馬馭卒

歩兵機関銃隊編成　平時

銃隊長	
銃　隊	第一銃
	第二銃
	第三銃
	第四銃
	第五銃
	第六銃

歩兵機関銃隊編成　戦時

銃隊長	
銃　隊	第一銃
	第二銃
	第三銃
	第四銃
	第五銃
	第六銃
弾薬小隊	第一分隊
	第二分隊
	第三分隊

訓練中の「三八式機関銃」。写真右手前が「銃長」、中央手前の抜刀した将校が「銃隊長」、二者の中間が「監手」であり、機関銃に付いているのが「射手」

「三八式機関銃」の組み立て状況。『銃ヲ組メ』の号令で組み立てを始めており、三脚架に銃本体をセットしている

も、火力発揮のために状況に応じては二銃で「機関銃小隊」を仮編成しての運用が奨励されており、「機関銃小隊」を仮編成した場合は二銃のうちの先任の「銃長」が「小隊長」となった。

弾薬小隊

「弾薬小隊」は平時の編制は無く、戦時に際して編成される部隊である。

戦時に際して、予備役より動員された「戦銃隊」の予備要員である「予備銃手」と、聯隊の所属する「師団」隷下の「輜重兵大隊」より「大行李」「小行李」要員として配属される「輜重兵」「輜重輸卒」により編成された。

「弾薬小隊」は「曹長」が小隊長を務め、隷下に駄馬編成の「弾薬分隊」三隊を擁しており、各「弾薬分隊」は駄馬により聯隊の「弾薬交付所」と各「機関銃小隊」間の弾薬補給に従事した。

また、「弾薬小隊」には、兵器修理のための「銃工長」と衛生要員として「上等看護卒」が配属されたが、糧秣を取り扱う「小行李」は無く食事等の給与は配属先の「大隊」より受けるか、将兵各個の携帯する飯盒による炊爨が行なわれた。

三八式機関銃の具体的な運用

「歩兵機関銃隊」の装備する「三八式機関銃」の具体的な運用について、以下に「三脚架の改正」「機関銃の駄載」「移動方法」「射撃方法」の四項目に分けて解説する。

三脚架の改正

「三八式機関銃」の三脚架は、初期生産型は「保式機関銃」と酷似したタイプの明治四十年制定の「明治四十年制定三八式機関銃三脚架」であったが、後に日本独自の開発により明治四十五年に制定された「明治四十五年制定三八式機関銃三脚架」が制定される。

この新型の「三脚架」は別名「改正三脚架」とも呼ばれ、初期生産タイプの旧式「三脚架」の生産モデルの銃は、適宜に新型の「改正三脚架」への換装が行なわれた。

機関銃の駄載

「三八式機関銃」は移動に際しては「銃本体」と「三脚架」に分解して、駄馬の背中に付けた機関銃運搬専用の駄鞍である「三八式機関銃駄馬具銃用」に搭載する。

「機関銃」を駄載する際は、まず組立状態の機関銃を『銃ヲ解ケ』の号令で、「銃本体」と「三脚架」に分解する。この際に「銃本体」には「装填架被」「照星被」「銃身覆」と呼ばれる革製の保護カバーを掛けるとともに、「三脚架」を折り畳む。

続いて『駄載用意』の予令に続く『馬ニ駄セ』の動令で、「射手」と「一弾薬手」は駄鞍右側にある「載銃鉤」と呼ばれる積載部分に銃を乗せてから、「包褥」と呼ばれるカバーで覆い、「方形環」と呼ばれるリングと「縛銃革條」と呼ばれる革ベルトで固定した。

「三脚架」と「属品匣」の駄載は「監手」と「装填手」が行ない、駄鞍左側にある載架匡と呼ばれる搭載スペースに「装填手」が「属品匣」を乗せ、続

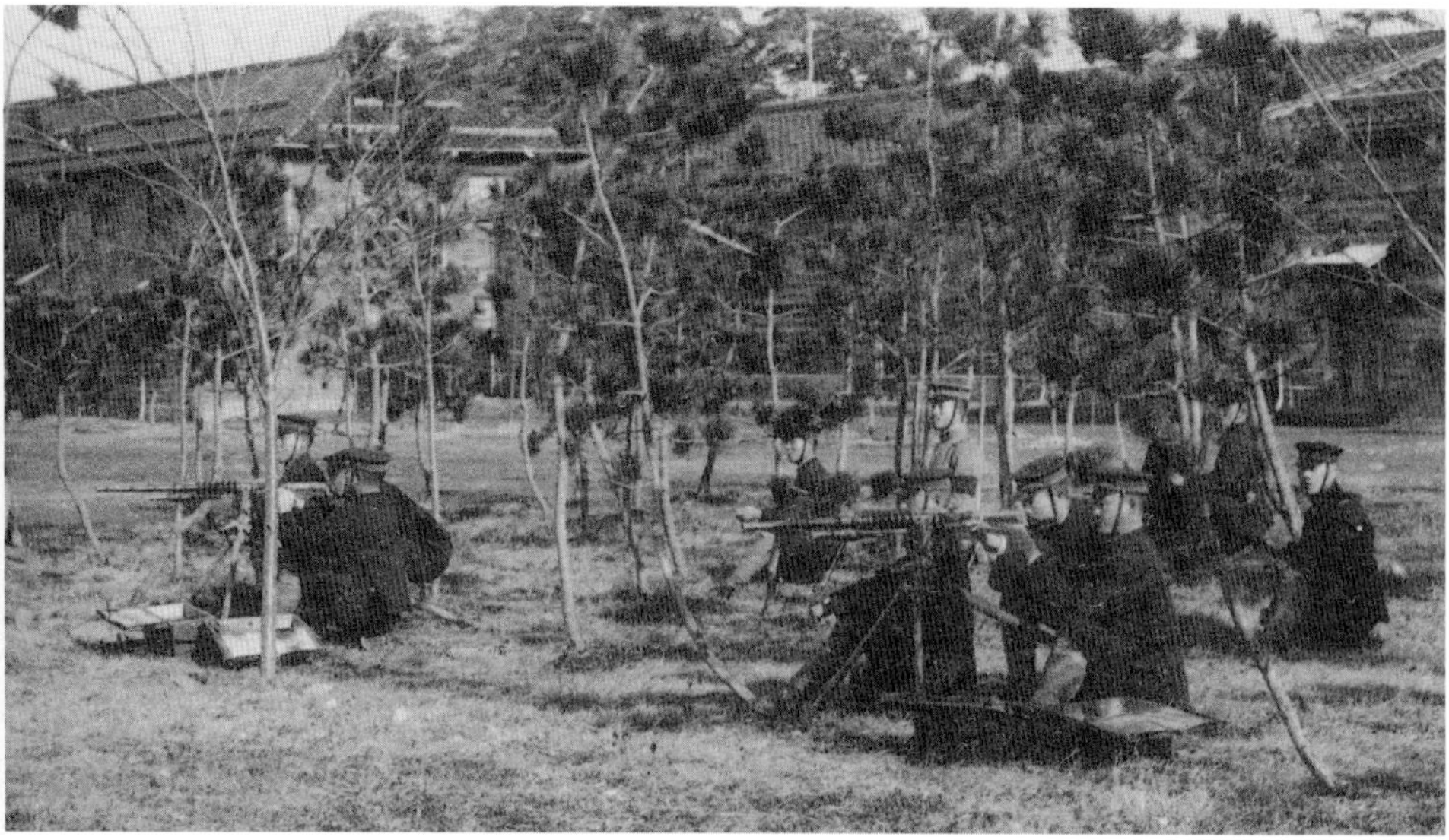

2門の「三八式機関銃」で「小隊」を編成して射撃君件中の「歩兵第五十二聯隊」の「歩兵機関銃隊」。
各機関銃には「射手」の右に「監手」、左に「装填手」がおり「装填手」の隣には「弾薬箱」がみられる

いてその上に「監手」が「三脚架」を重ねて乗せてから「方形環」と「縛架革條」で固定した。
「弾薬」の駄載は、『駄載用意』の予令に続く『馬ニ駄セ』の動令で、「二弾薬手」と「三弾薬手」が「三八式機関銃駄馬具弾薬用」の左右に二箱ずつの弾薬箱を搭載する。

移動方法

駄馬より機関銃を卸して組み立てる場合は、『馬ヨリ卸セ』の号令で、駄載と逆の順序で駄鞍より銃本体と三脚架を下ろして、『銃ヲ組メ』の号令で組み立てを行なう。

また、三脚架の前脚と後脚の組み合わせ角度を深くして銃高を上げる場合は『銃ヲ高ク組メ』の号令をかけた。

駄馬より下ろして組み立ての終了した機関銃の移動は、「臂力搬送《ひりきはんそう》」と呼ばれる兵卒による人力運搬が行なわれる。

機関銃の「臂力搬送」方法には、「担銃《たんじゅう》」と「提銃《ていじゅう》」の二方式がある。

一つ目の「担銃」は、長距離の臂力搬送に適した方法であり、機関銃を「射手」「装填手」「一弾薬手」の三名で肩に担ぐ搬送方法である。

『銃ヲ担ヘ』の号令で、「射手」は「後脚」、「装填手」は「左前脚」、「一弾薬手」は「右前脚」を握ってから、おのおの両肩、左肩、右肩に三脚架を乗せて担ぐ。

この時に「監手」は「属品匣」を下げ、「二弾薬手」は「弾薬箱」を背中に担ぐ。

二つ目の「提銃」は、短距離の臂力搬送に適した方法であり臂部分への負担が大きいものの、迅速な移動が可能

習志野演習場で射撃訓練中の「陸軍士官学校生徒隊」。「三八式機関銃」の右側面には薬莢を回収するために袋を拡げている

であった。搬送に際しては「射手」「装填手」「弾薬手」の三名で機関銃を手で下げた状態で搬送された。

『銃ヲ提ケ』の号令で、「射手」は両手で「後脚」、「装填手」は左手で「左前脚」、「一弾薬手」は右手で「右前脚」を握るとともに大腿部の位置に保持する。

機関銃を前進移動させる場合は、『前へ』『進メ』の号令をかける。この際に予令の『前へ』で機関銃を『担銃』の状態で担ぎ、動命の『進メ』で前進を開始する。

射撃方法

機関銃の射撃方法には、通常射撃の「点射」と応用射撃の「薙射」の二種類がある。

「点射」は一目標に対して三～六発の弾丸を撃ち込む射撃方法であり、「銃長」が「射手」に対して適宜に射撃目標と射撃弾数を指示した。

この「点射」は攻撃・防御の両局面で多用される射撃方法であり、戦局によっては火砲と同様に機関銃前面に展開する味方歩兵の頭上や隙間を射撃するため、射撃陣地の設定と射撃方法の指示等の安全の徹底が求められた。

「薙射」は敵の歩兵や騎兵の突撃を受けた場合や、塹壕戦の制圧等に用いられる射撃方法であり、機関銃を左右に動かして敵を薙ぐことから「薙射」と呼称されている。

「薙射」の方法は、右から左ないし左から右に一回の射撃を行なう「一回薙射」と、数度の射撃を反復する「反復薙射」があり、後者は歩兵の突撃や騎兵の襲撃時の破砕射撃に多用された。

機関銃❷

改正脚装備の「三八式機関銃」及び、「戦銃隊」と「弾薬小隊」より編成された「機関銃隊」の改編を取り上げる！

第6話

三八式機関銃と改正脚

明治四十五年になると「三八式機関銃」の「三脚架」は既存の「保式機関銃」スタイルの「明治四十年制定三八式機関銃三脚架」から、日本独自で開発した「改正三脚架」ないし「改正脚」の別名を持つ「明治四十五年制定三八式機関銃三脚架」へと改正される。

この新型の「明治四十五年制定三八式機関銃三脚架」は、従来の「保式機関銃」タイプの三脚架と異なり、機関銃運搬用の駄馬である「銃馬」から機関銃を下ろして組立後の移動に際して、三脚架の前脚部に「前梶」と呼ばれる運搬用ハンドルを二本、後脚部に「後梶」と呼ばれるU字型の運搬用ハンドルを差し込むことで、神輿を担ぐように二～四名の人員での迅速な膂力搬送が可能であった。

機関銃隊の改編

大正五年になると「歩兵機関銃隊」の改編が行なわれ、呼称も「機関銃隊」へと改称されるとともに、隷下の「銃隊」も「戦銃隊」へと改称されている。

この改編では「三八式機関銃」の運用を、「改正脚」タイプの銃を主体とすると共に、制定されたばかりの最新式機関銃である「三年式機関銃」の運用と共通させることを主眼としたもの

機関銃隊編成　大正５年

銃隊長		
戦銃隊	第一小隊	第一銃
		第二銃
	第二小隊	第三銃
		第四銃
	第三小隊	第五銃
		第六銃
弾薬小隊	第一分隊	
	第二分隊	
	第三分隊	

各銃の編成　大正５年

銃　長		
銃　手	一番銃手	射手
	二番銃手	射手
	三番銃手	射手
	四番銃手	射手
	五番銃手	弾薬手
	六番銃手	弾薬手
	七番銃手	弾薬手
	八番銃手	弾薬手
駁　卒	銃馬駁卒	銃　馬
	弾薬馬駁卒	弾薬馬

であった。

機関銃隊の編成

「機関銃隊」は戦闘部隊である「戦銃隊」と、補給部隊である「弾薬小隊」より編成されていた。

大正五年の改正では、最初から機関銃二門を小隊単位で運用することを原則として「銃隊」内に「将校」が指揮する三個「小隊」が編成されたことと、弾薬補給の見地より各「銃手」を二名から四名に増員させたことが特徴である。

指揮官である「銃隊長」は歩兵大尉が務め、「隊長付」として「曹長」一名、「上等看護卒」一名、「喇叭手」二名、「銃工長」一名がいた。

「戦銃隊」は三個「機関銃小隊」より編成されており、戦闘時には支援火力として「歩兵聯隊」隷下にある三つの「歩兵大隊」に対して将校が指揮する機関銃「小隊」を一個宛に配属することとなっていた。

「小隊」は歩兵科の将校（「中尉」ないし「少尉」）を小隊長として、「三年式機関銃」一挺を装備する「分隊」に相当する射撃部隊単位である『銃』二隊

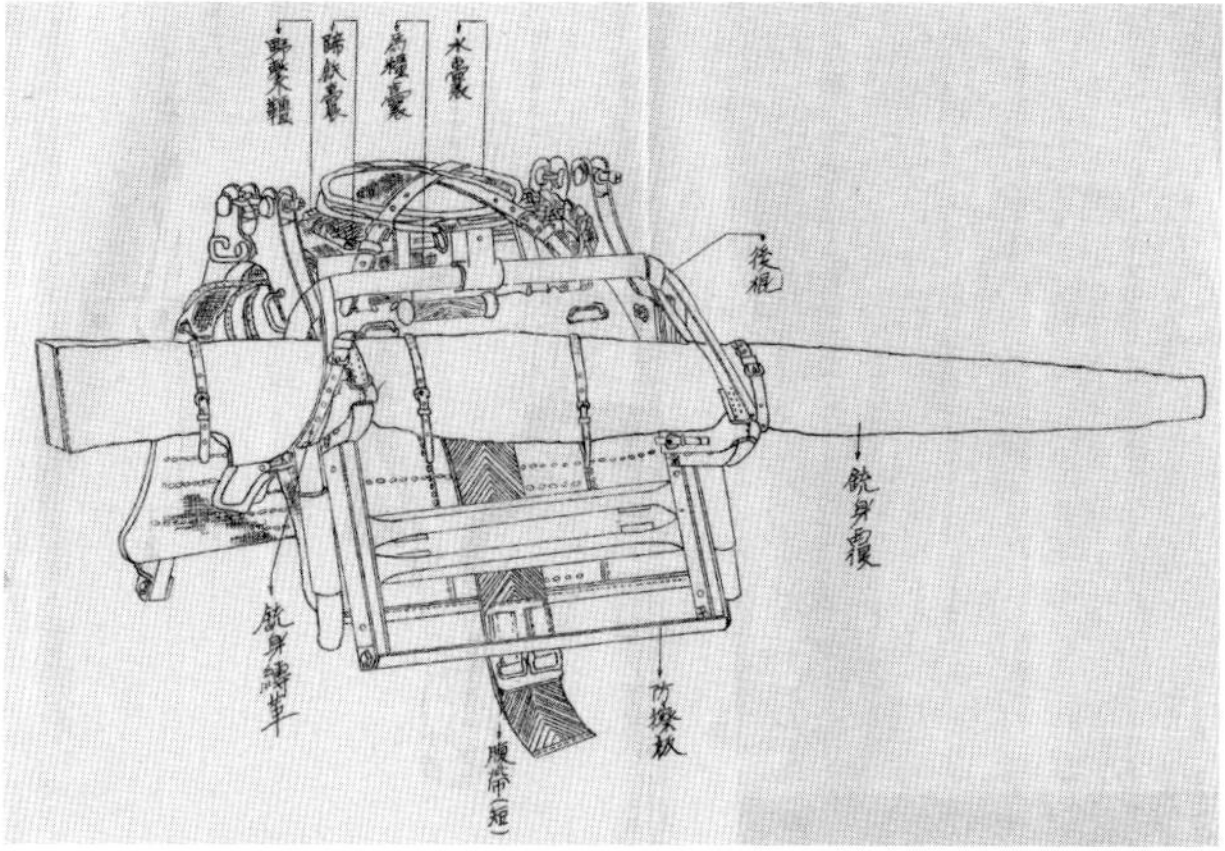

「三八式機関銃駄馬具銃用」。改正脚タイプの「三八式機関銃」の搭載状況

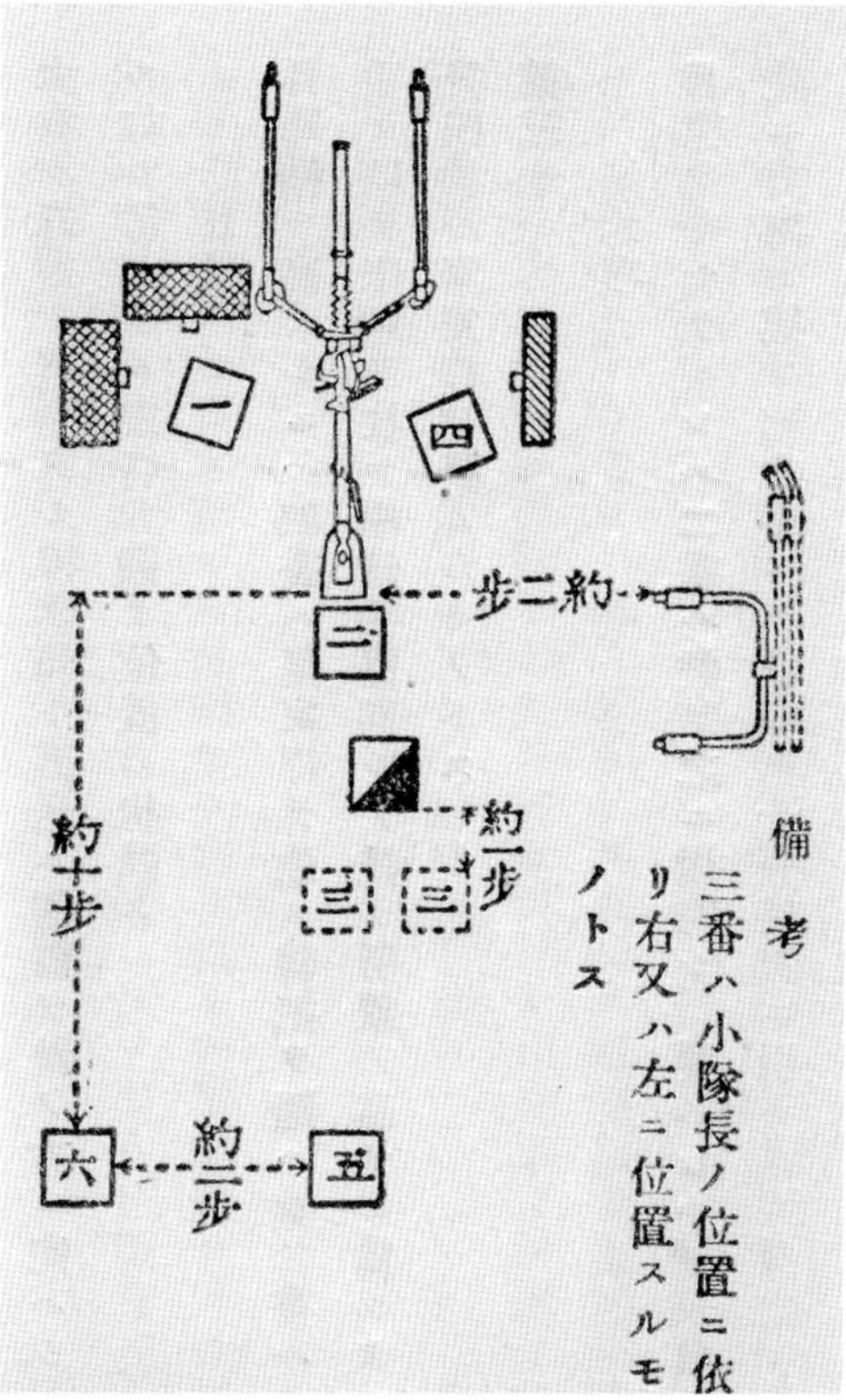

大正五年に改正された「三八式機関銃」の射撃時の銃手の展開位置。「三年式機関銃」の制定に併せて、既存の「三八式機関銃」の銃手も2名が増加された。図には記載されていない「七番銃手」と「八番銃手」は弾薬運搬に従事した

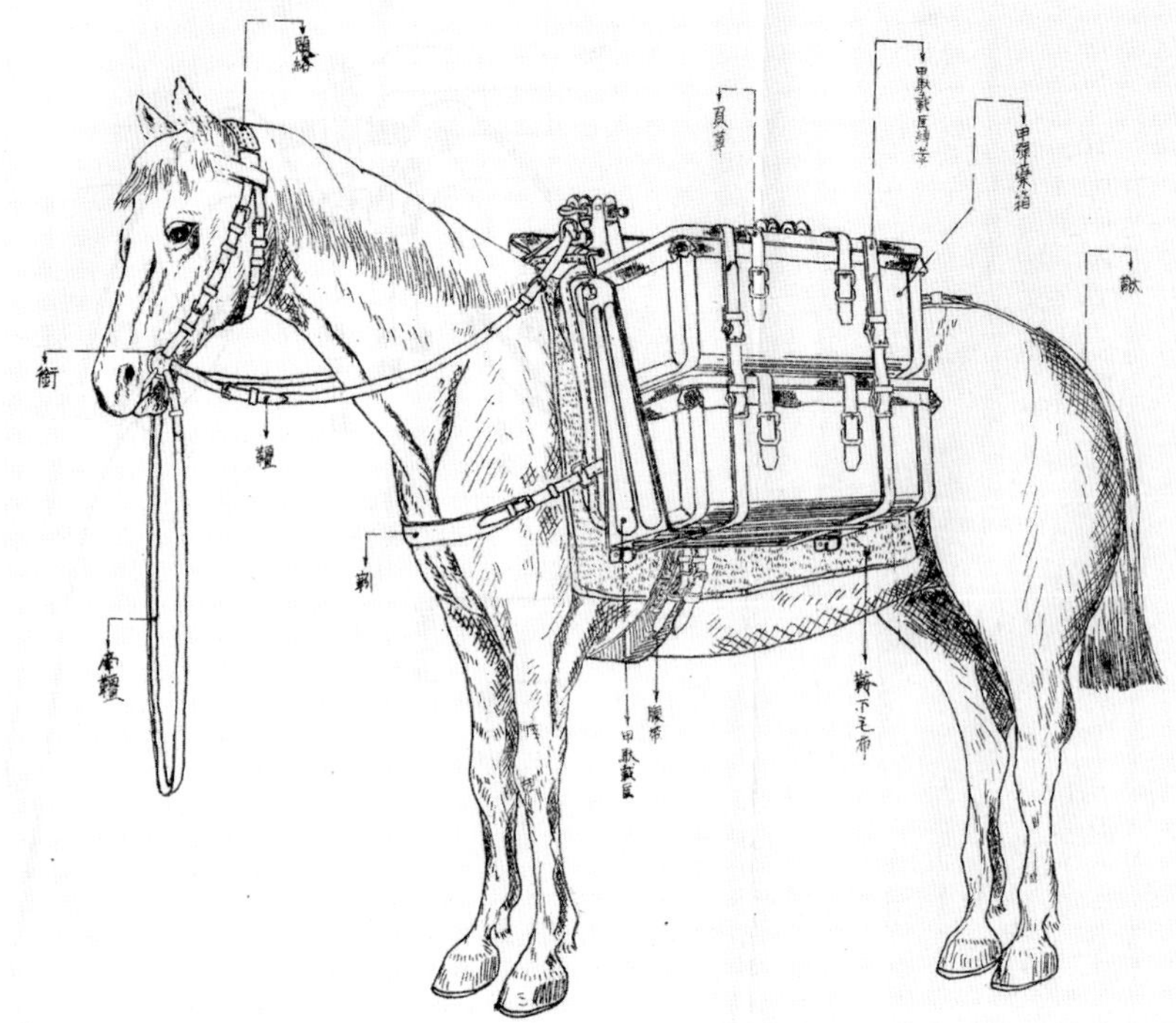

「三八式機関銃駄馬具弾薬用」。駄鞍の左右に「弾薬箱」２箱ずつの計４箱を搭載するほか、２箱１組の「器具箱」の駄載にも用いられた

を擁していた。

各『銃』は一から六までの通し番号を冠して、おのおの「第○銃」と呼ばれ、下士官である「軍曹」を「銃長」として、八名の「銃手」と、機関銃と弾薬を運搬する「駄馬」の「馭卒」と「駄馬」二頭の、人員十一名と馬匹二頭より編成されていた。

八名の「銃手」は「一番銃手」より「八番銃手」まで番号が付けられており、「一番銃手」から「四番銃手」が「射手」を務め、「五番銃手」より「八番銃手」が「弾薬手」を務めた。

射撃に際しては「銃長」の『銃ヲ据ヘ』の号令で、四名の射手は「銃長」の指示する位置に展開するものの、通常は「二番銃手」が「射手」、「一番銃手」が「装填手」、「四番銃手」は銃の右側で従来の「監手」と同じ勤務について、「三番銃手」は「四番銃手」の後方に位置した。

「機関銃」の「射手」は戦闘時に狙撃の対象になりやすく被弾率が高いために、「一番銃手」から「四番銃手」は

駄馬より卸下した機関銃の組立状況。写真中央の「小隊長」の左右には各『銃』が展開しており、「銃長」と「一番銃手」～「六番銃手」までの合計７名が銃の組立と準備を行なっている。「七番銃手」「八番銃手」「銃馬馭卒」「弾薬馬馭卒」は「銃馬」「弾薬馬」と共に後方に展開しているものと推察される

全員が「射手」を務められるように訓練されているほか、通常は「弾薬手」を務める「五番銃手」から「八番銃手」も同様に「予備銃手」として機関銃を操作することが出来た。

大正五年の改正で増員された「七番銃手」と「八番銃手」は、「五番銃手」と「六番銃手」が撃ち終えた「薬莢」「保弾板」「紙箱」を入れたカラの「弾薬箱」を受け取り、「弾薬馬」に乗せるか脊力搬送で「弾薬小隊」と合流して、弾薬の補充を受ける任務についた。

戦闘時に「射手」が死傷の場合は、「銃長」の『射手交代』の「弾薬馬」号令で、すぐさま『射手』の交代が行なわれると共に、「弾薬手」である「五番銃手」から「八番銃手」が適宜に「予備銃手」から「銃手」に繰り上がり射撃の継続が行なわれた。

また、機関銃と弾薬を運搬する「駄馬」は、それぞれが「銃馬」と「弾薬馬」と呼ばれ、「馭卒」は「銃馬馭卒」「弾薬馬馭卒」と呼ばれた。

器具箱

各『銃』単位での機関銃のメンテナンスと修理には、「銃長」の携帯する「属品匣」の入組品による工具類の利用のほかに、「機関銃隊」ごとに各種修理工具や手入具や予備部品を収めた二箱一組の「器具箱」が置かれていた。「器具箱」は平時では兵営に置かれて、機関銃の整備・修理に用いられていた。

長期の演習等に際しては、「機関銃隊」の予備の「三八式機関銃駄馬具弾薬用」を付けた「予備駄馬」の鞍の左右に二箱一組の「器具箱」を駄載して、「銃工長」を長とした「修理班」ないし「修理組」を臨時編成した。

弾薬小隊の編成

「弾薬小隊」は平時には編成は無く、戦時に際して予備役の動員により編成が行なわれた。

編成に際しては、「銃隊長」付の「上等看護卒」一名、「喇叭手」二名、

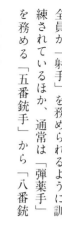

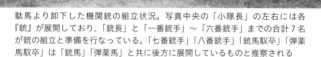

兵営の営庭で訓練中の「戦銃隊」の一葉。各銃には「二番銃手（射手）」と「一番銃手（装填手）」、「属品匣」を持つ「四番銃手」の3名が付いており、その後方には「銃長」がいる。その後方には「三番銃手」と、弾薬手である「五番銃手」と「六番銃手」が伏臥しており、その後方には「銃馬」と「馬卒」が待機している

「銃工長」一名を基幹要員として、戦時に際して「師団」隷下の「輜重兵大隊」より各「歩兵聯隊」に配属される「輜重輸卒」と、予備役より動員された「戦銃隊」の予備要員である「予備銃手」により編成された。

「弾薬小隊」は「機関銃隊」の指揮機関である「機関銃隊本部」の「特務曹長」を長として、隷下に駄馬編成の「弾薬分隊」三隊を擁しており、「弾薬分隊」は駄馬により聯隊の「弾薬交付所」と各「機関銃小隊」間の弾薬補給に従事した。

また、「第一弾薬分隊」の「予備駄馬」に、機関銃のメンテナンス器材を収めた二箱一組の「器具箱」を駄搭して、「銃工長」を長とした「修理班」が編成された。

「弾薬小隊」の編成の無い平時の演習時には、「銃隊長」付の「曹長」が各「銃」より抽出した「弾薬手」と予備の「駄馬」で臨時に「弾薬分隊」を編成した。

機関銃の運搬

明治四十五年制定の改正脚装備の「三八式機関銃」の移動は、旧式脚の機関銃と同様に「銃馬」と「弾薬馬」の「駄馬」二頭一組による駄載での移動が主体であった。

「銃馬」から機関銃を下ろしてから組み立てる場合は、『下ロセ』に続いて『銃ヲ組メ』の号令をかけ、機関銃を分解して「銃馬」に乗せる場合は、『銃ヲ解ケ』に続いて『駄セ』の号令をかける。

「駄馬」より下ろして組み立てが終わった「機関銃」を銃手の人力で移動させる場合は、「脅力搬送」と「分解搬送」の二種類の移動方法があった。

脅力搬送

組み立てた機関銃の脅力搬送を行なう場合は、通常は「三脚架」の「前脚」に取り付けた二本の「前梶」と、「後脚」に取り付けたU字型の「後梶」と呼ばれる運搬用ハンドルに、「一番

射手」～「四番射手」の四名が付いて、手で腰部分に下げるか肩に担ぎあげての膂力搬送が行なわれた。

大正７年に撮影された「歩兵第三十二聯隊機関銃隊」の記念撮影。「第一小隊」の撮影であるが、装備している機関銃が「三八式機関銃」と最新式の「三年式機関銃」が混在している

機関銃の運搬方法

駄　載	銃　馬
	弾薬馬
膂力搬送	四人搬送
	三人搬送
	二人搬送
分解搬送	

この四名で行なう搬送は「四人搬送」と呼ばれ、「前棍」を二名、「後棍」を一名で運ぶ搬送を「三人搬送」、腰の位置で「前棍」と「後棍」を各一名の合計二名で運ぶ搬送を「二人搬送」と呼び、搬送形態は地形や戦況を踏まえて、逐次に「銃長」が搬送方法を指示した。

肩に担ぎあげての「四人搬送」と「三人搬送」は長距離の膂力搬送に多用され、「二人搬送」は敵前や狭隘地での膂力搬送に用いられた。

分解搬送

大正期に入ると、明治期の「日露戦争」の戦訓以外にも欧米の情報・戦訓のほかに日本独自の研究成果も踏まえて、従来は駄馬から下ろした機関銃は組立後に「銃手」が「膂力搬送」を行なうことが前提とされていたものの、この「膂力搬送」のカテゴリー内に駄馬から下ろした機関銃を組み立てないで「銃本体」と「三脚架」を「銃手」が分担して膂力搬送を行なう「分解搬送」が臨時の「応用動作」ではなく制式な搬送方法となっている。

「分解搬送」を行なう場合は、「銃長」は『分解搬送』の号令をかけた。

この号令を受けて「機関銃」を「銃」本体と「三脚架」に分解して、「銃」は二名の「銃手」で「銃」の銃身部と銃床部を持って肩に担ぐか腰の部分で保持しての運搬を行ない、「三脚架」は新旧の型式にかかわらず一名の「銃手」で組み立てないし折り畳んだいずれかの状態で肩に担いだ。

また、「銃長」は「属品匣」を肩に担ぎ、「弾薬手」は「弾薬箱」を附属の革製の負革で背中に背負うか肩に担いだ。

第7話

機関銃③

「保式機関銃」をベースとした「三年式機関銃」及び、シベリア出兵時に鹵獲されて警備資材として用いられた、「一九一四年式露国機関銃」を取り上げる！

三年式機関銃

「保式機関銃」をベースとした「三八式機関銃」は、整備の複雑さと併せて射撃時の銃身の冷却不良と、それに起因して銃身寿命が短いという欠点があった。

このために明治四十二年より「陸軍技術審査部」は「三八式機関銃」に替わる新機関銃の開発を開始している。

試製水冷式機関銃

「陸軍技術審査部」が明治四十二年に行なった「三八式機関銃」の耐久試験では、連続射撃での銃身寿命は一万発を越えることが無く、結果として銃身交換が容易であるとともに、複雑な「三八式機関銃」の機関部を簡単かつ堅牢にした新機関銃の開発が開始された。

明治四十四年十月になると「陸軍技術審査部」は銃身冷却に水を用いる「試製水冷式機関銃」を試作して、同年十二月より翌年四月までの時期に耐久試験を行なっている。

試験結果は、「三八式機関銃」の八千発射撃後の命中精度と「試製水冷式機関銃」の一万発射撃後の命中精度が同一であるほか、銃身寿命と銃身交換の容易性は「試製水冷式機関銃」の方が優秀であったものの、水冷式機関銃の構造上の複雑性があり、今後整備する新型機関銃は空冷式機関銃とすることが決定された。

試製機関銃と採用試験

明治四十五年四月以降、「陸軍技術審査部」は空冷式機関銃の開発を開始して、大正二年三月に試作銃が完成している。

このプロトタイプの新機関銃は「試製機関銃」の名称が付けられ、逐次の改良を加えられつつ、大正二年三月より十月にかけて「陸軍技術審査部」で、既存の「三八式機関銃」との比較試験が行なわれた。

試験では大正二年改正の新型小銃実包が使用され、結果としては「三八式機関銃」と「試製機関銃」の銃身寿命

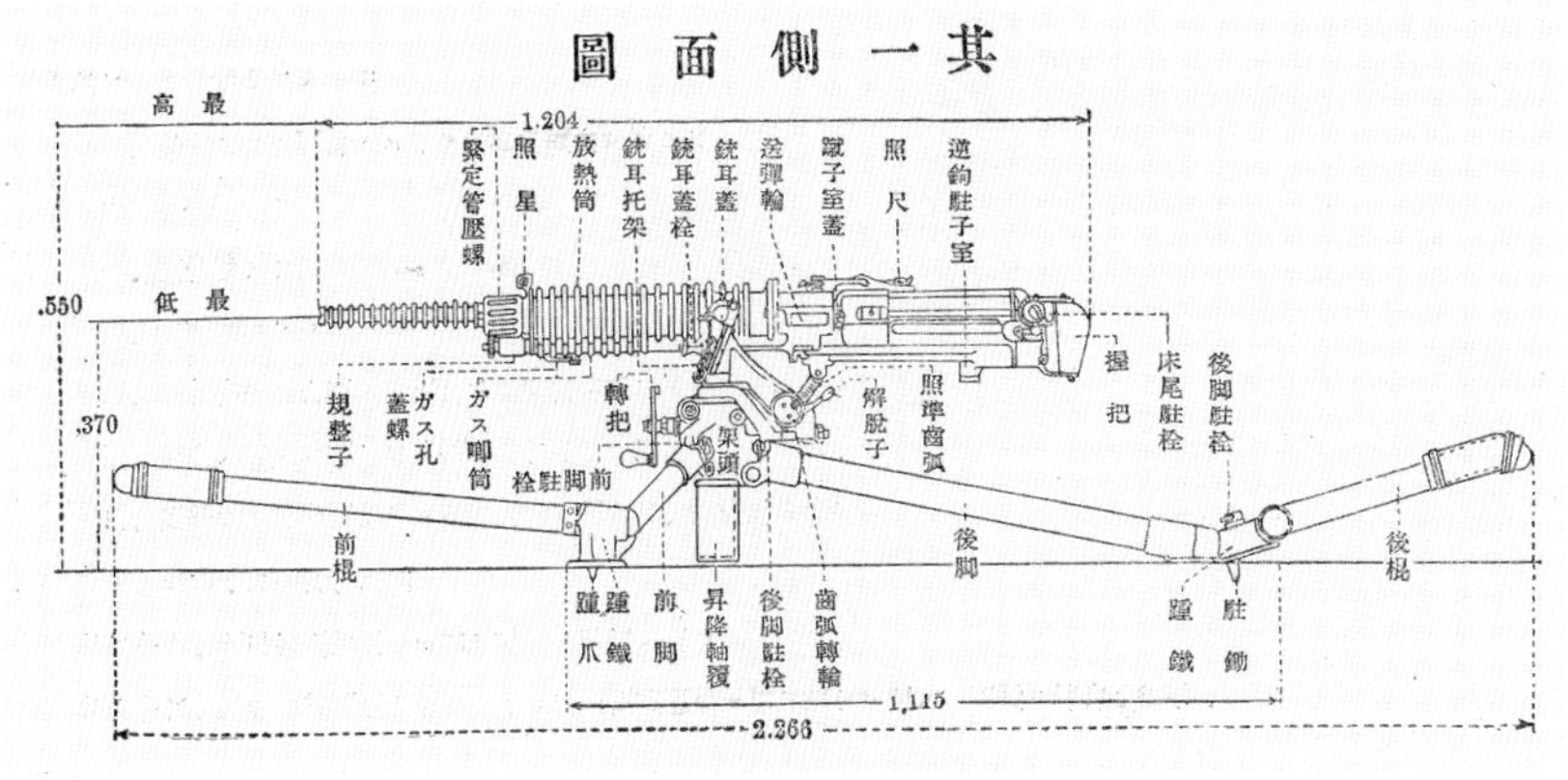

「三年式機関銃」側面図

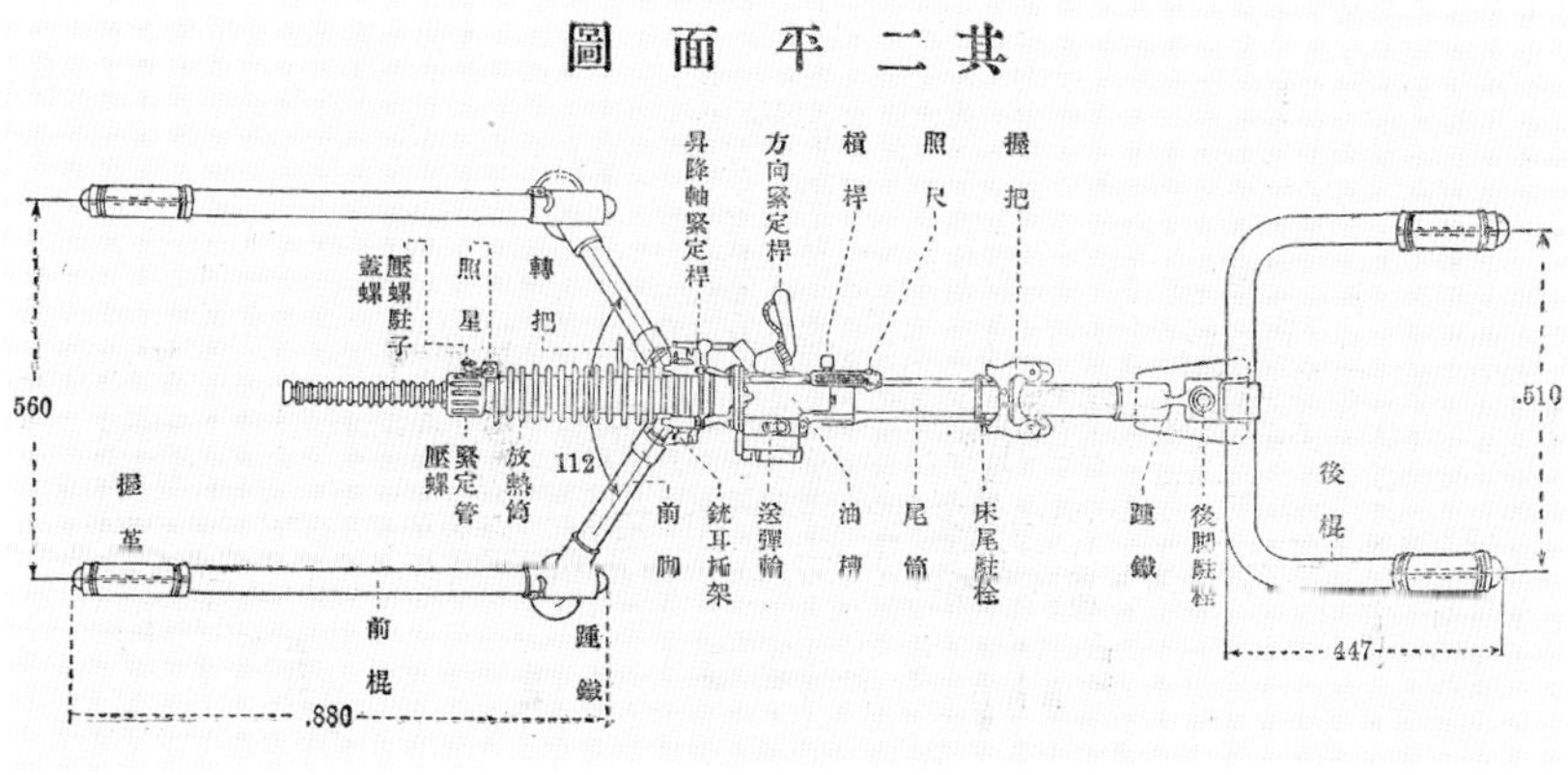

「三年式機関銃」上面図

は両銃ともに良好であるものの、この「試製機関銃」の機関部の耐久性と銃身の交換面の見地より、戦時の「戦用機関銃」として十分な機能を発揮できるのかという疑念が新たに生まれている。

このために「陸軍技術審査部」は大正三年一月より、「陸軍歩兵学校」と「陸軍騎兵実施学校」に対して「試製機関銃」の実用試験を委託している。

「陸軍歩兵学校」への委託試験では、「予備銃身」一本を準備した「三八式機関銃」と「試製機関銃」各二挺が用いられ、合計二十七万発の射撃試験が行なわれた。

この試験結果での「試製機関銃」の銃身寿命は二万〜二万五千発であり、機関部は十二万発の射撃に堪える耐久性があり、新たな軍用機関銃としての採用が決定されている。

「陸軍騎兵実施学校」では、騎兵部隊での駄馬による機関銃運用の適合性の試験が行なわれた。

結果として、新機関銃の使用と取り

「三年式機関銃」

扱いは「三八式機関銃」と比較して共に簡易適量との回答が出されるとともに、「弾薬箱」と「器具箱」の改善が行なわれた。

「弾薬箱」と「器具箱」の運用は「駄馬」が基本であるが、「弾薬箱」は歩兵用が「弾薬箱―甲」、騎兵用が「弾薬箱―乙」、二箱一組の「器具箱」は歩兵用が「器具箱―甲」、騎兵用が「器具箱―乙」と新たに制定された。

歩兵用の「弾薬箱―甲」は「紙箱」に収めた「保弾板」を二列に九連ずつの合計五百四十発の弾薬を収納して「弾薬馬」の駄鞍に四個を搭載し、騎兵用の「弾薬箱―乙」は「保弾板」を十八連の合計七百二十発の弾薬を収納して「弾薬馬」の駄鞍に二個を搭載した。

三年式機関銃の制定

大正二年より三年にかけての二回の試験結果により、小改正を加えられた「試製機関銃」は同年九月に「三年式機関銃」として制式制定された。

「三年式機関銃」は「銃」と「三脚架」の二部より構成されていた。

「銃」は「三八式機関銃」と同じく口径六・五ミリの「三八式銃実包」を用いて、三十発の弾薬をセットした「保弾板」により給弾がなされるシステムであり、連発機構には射撃時の火薬燃焼にともなう発射ガスを利用するタイプであった。

「銃」は全長が千二百十ミリ、重量は二十五・六キロ、発射速度は毎分約五百発であり、「銃身」「放熱筒」「尾筒」「尾床」より構成されていた。

「銃身」は口径六・五ミリで、前半は放熱効果向上のために銃身外周部に波状の襞が付けられており、後半部は「放熱筒」に嵌め込まれている。

「放熱筒」は「尾筒」と呼ばれる機関部の前端に取り付けられた筒で、射撃間に銃身内部に発生する熱を放散させるほか、筒の下部には連発射撃の動力となる発射ガスを伝導する「瓦斯唧筒」が付けられている。

「尾筒」は機関部であり内部に「遊底」「送弾機」「連発機」が入っており、

上部には三百メートルより最大射程二千二百メートルをもつ「照尺」があり、前部には「油槽」がある。この「油槽」内部には「常用鉱油（スバンドルオイル）」が入っており、射撃時に「送弾機」に自動的に給油されるほかに射撃時の薬莢の焼け付き防止のために送弾される保弾板の上より薬莢に塗油されるようになっている。

「尾床」は、「尾筒」後端にある射撃時のグリップである「握把《あくは》」と「引鉄」と呼ばれる引金が設置されている部分である。なお「三年式機関銃」は、「保式機関銃」や「三八式機関銃」にあった「銃床（ストック）」を廃止している。

「三脚架」は「三八式機関銃」の「明治四十五年制定三脚架（改正脚）」に小改正を加えたものが採用されており、状況に応じて「防楯」を装着することができた。

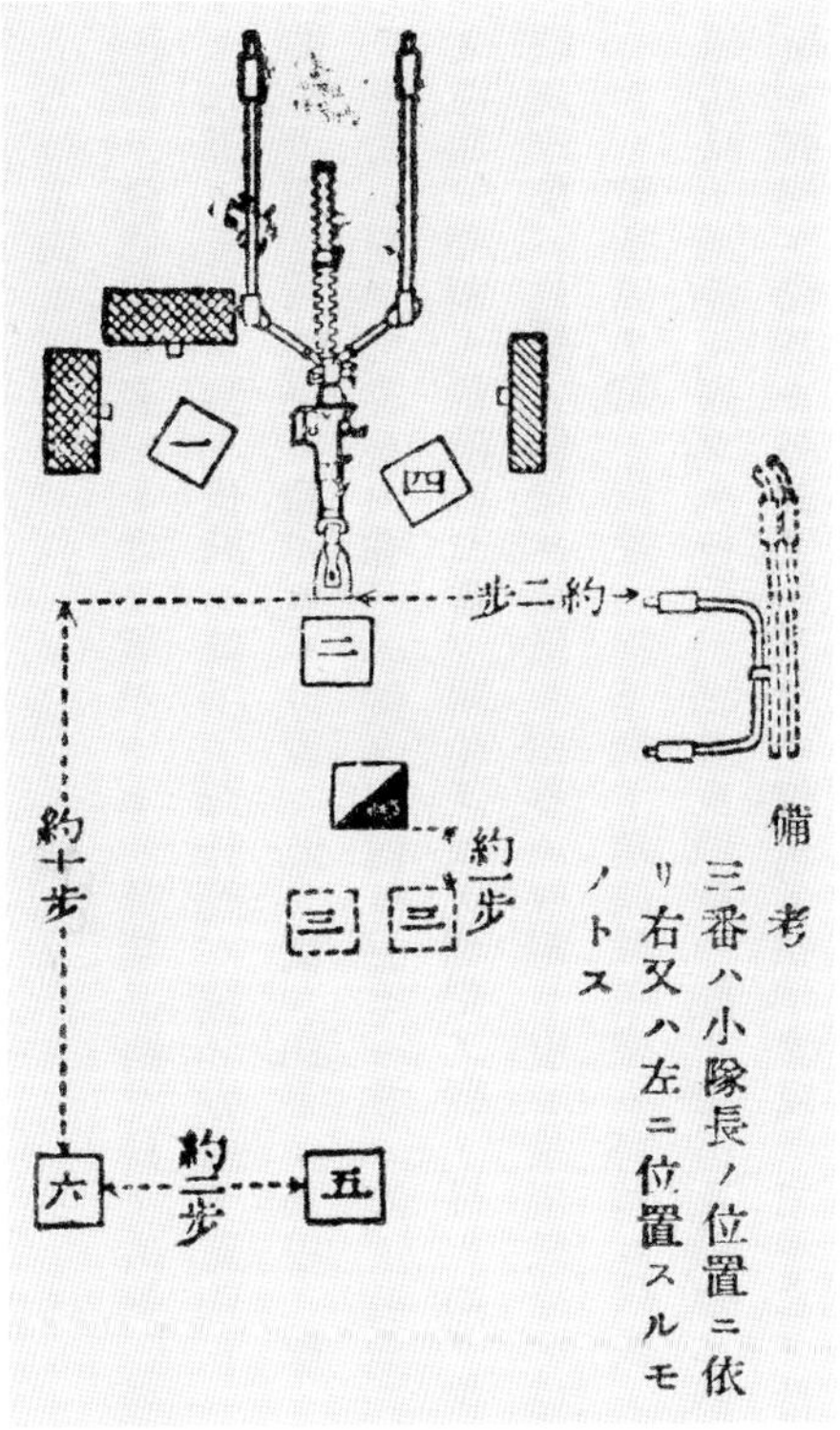

射撃時の「三年式機関銃」の射手の位置関係図

「三脚架」の高さを変更する場合は、「昇降軸緊定桿《しょうこうじくきんていかん》」と呼ばれるストッパーを解除してから「昇降軸」と呼ばれる上下移動を行なうシャフトに繋がる「転把《てんぱ》」と呼ばれるハンドルを回すことで「最低姿勢」より「最高姿勢」まで銃の高さを変えることができ、射撃姿勢は「最低姿勢」の場合は伏射、「最高姿勢」の場合は膝射の姿勢が取られた。

　銃の射界は左右に各十一・二度であり、精密射撃で射界を固定する場合は「方向緊定桿」をロックして、「薙射」の場合は解除する。

　また仰角・俯角の付与には、三脚基部右にある「解脱子《かいだつし》」と呼ばれるストッパーを解除してから「歯弧転輪《しこてんりん》」と呼ばれるリングを回転させて角度をとるほか、「解脱子」を完全に解除する場合は「歯弧転輪」を用いないで射手が自由に角度をとることができた。

・三年式機関銃諸元
総重量：五五・四キロ

射撃訓練中の「三年式機関銃」。二挺一組の小隊射撃の状況であり、銃は膝射の「最高姿勢」が取られている。二挺の機関銃の間に小隊長の姿も見られる

銃重量：二六・六キロ
三脚架重量：二七・五キロ
銃被重量：一・三キロ

機関銃の運用

「三年式機関銃」の運用には、一銃につき「銃長」と「一番銃手」より「八番銃手」までの「銃手」八名と「銃馬」「弾薬馬」の「駄馬」二頭と「銃馬馭卒」「弾薬馬馭卒」の「馭卒」二名の、人員十一名と馬匹二頭より編成されていた。

機関銃の部隊運用は大正五年の「機関銃隊」の改編で「三八式機関銃」と同様に、各「歩兵聯隊」隷下に二銃を装備する「機関銃小隊」三個を擁する「戦銃隊」と「弾薬小隊」より編成されていた。

射撃に際しては「銃馬」より下ろして組み立てを終了した機関銃に対して、「銃長」の指揮のもとに「二番銃手」が「射手」、「一番銃手」が「装填手」、「四番銃手」は「属品匣」をもって監手役にあたり、「三番銃手」は「四番銃手」の後方に位置した。

「五番銃手」と「六番銃手」は機関銃と「弾薬馬」間の弾薬補充にあたり、「七番銃手」と「八番銃手」は「弾薬小隊」からの弾薬受領に従事するほか、「射手」の死傷時の交代要員として待機した。

機関銃の射撃方法は、「点射」と「薙射」の二種類であった。

一九一四年式露国機関銃

大正期のシベリア出兵でロシア軍よ

り大量に鹵獲して、「シベリア派遣軍」が警備用に利用した機関銃に「一九一四年式露国機関銃」があった。

「一九一四年式露国機関銃」は、米国コルト製銃社製の空冷式機関銃である「一八八五年式機関銃」の口径をロシア軍の小銃弾と同一に改造してロシア軍に納入した機関銃であり、シベリア出兵下の大正十年五月に「第九師団」隷下の「歩兵第七聯隊」が赤軍サイドより大量に鹵獲して警備用資材として運用している。

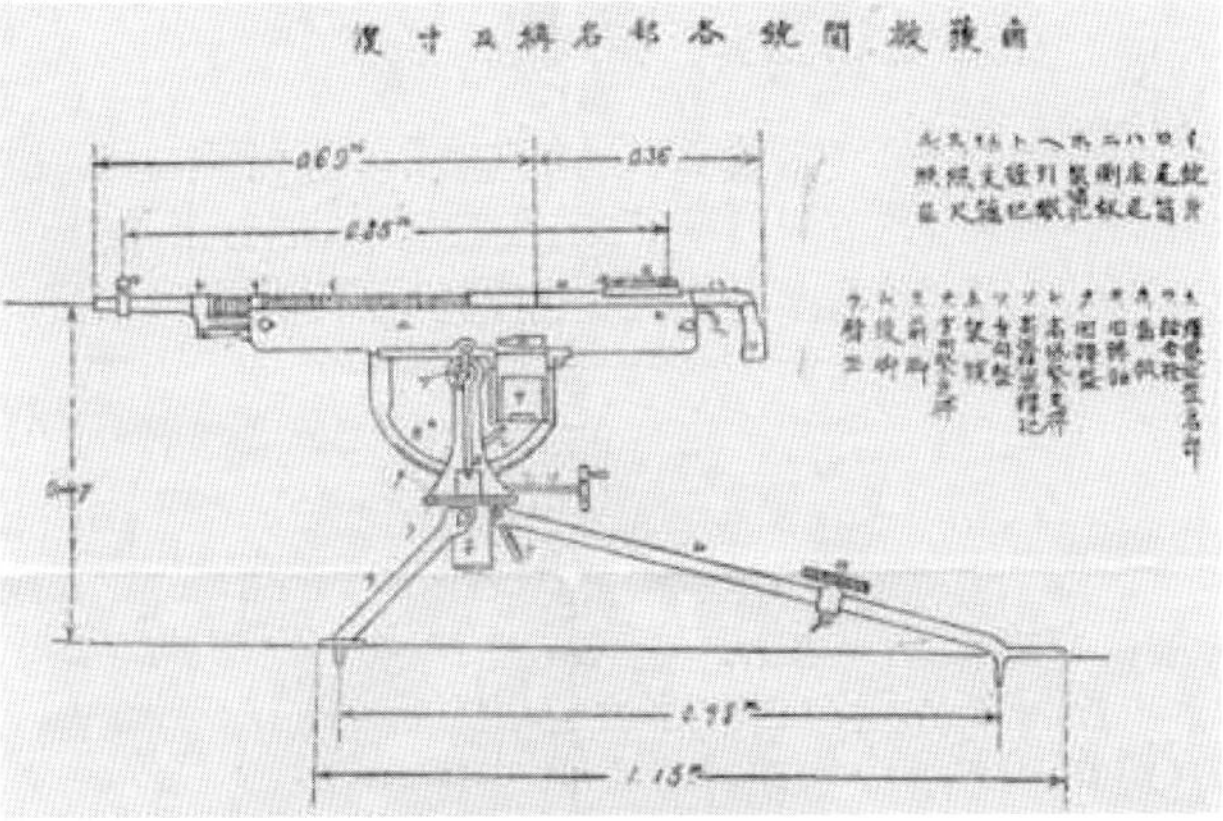

「一九一四年式露国機関銃」

「一九一四年式露国機関銃」

機関銃の給弾には「保弾板」ではなく、「保弾帯」と呼ばれるズック製のベルトタイプの帯に二百五十発の弾薬を差し込んだものにより行なわれた。

この「保弾帯」は二百五十発分一本を木製の「弾薬匣」に収められており、「弾薬匣」は機関銃一挺につき十二匣が用意されていた。

「一九一四年式露国機関銃」の連続射撃では、「弾薬匣」七個分の千七百五十発で「銃身」「予備銃身」に交換することが規定されていた。

なお、「一九一四年式露国機関銃」は、「第九師団」の内地帰還後も交代部隊により使用が続けられている。

・一九一四年式露国機関銃諸元

全　長：一〇五センチ
銃身長：六九センチ
重　量：三八・五キロ
口　径：七・六二ミリ

第8話

軽機関銃①

ルイス型一九一一年式軽機関銃、独国一九一五年式軽機関銃等、「欧州大戦」によって飛躍的進化を遂げた列強の軽機関銃を取り上げる！

欧州大戦と塹壕戦

大正三年（一九一四年）七月より大正七年（一九一八年）十一月にかけて、全世界が二大陣営に分かれて、国家の総力を揚げての決戦死闘の総力戦が繰り広げられる未曾有の規模の大戦である「欧州大戦（第一次世界大戦）」が勃発した。

参戦各国は宣戦布告と併せて、予備役の動員を行なって「常備軍」を基幹として大規模な「野戦軍」の編成を行なうとともに、当時の戦略のセオリー通りに編成された「野戦軍」を決戦場への機動・集中を行なった後に、決戦場で敵主力軍との会戦を行なって雌雄を決する「機動戦」が展開された。

しかしながら、戦局は「野戦軍」が会戦を行なう「機動戦」はしばらくして停滞・膠着し、その後は予想に反して戦争終結までの四年の期間にわたり、彼我共に堅固に構築された複数の「塹壕」に籠って対峙する大規模な消耗戦をともなう「陣地戦」へと移行した。

この「陣地戦」では、鉄条網と掩蓋に護られた堅固に構築された敵の塹壕を突破するために、攻撃側は長時間の火砲による集中射撃の後に「着剣」した「小銃」を持つ歩兵による突撃が行なわれ、この突撃に対して防御側も砲兵による「対砲兵戦」による応戦を行ない、敵の突撃に際しては残存する火砲と機関銃による阻止射撃が行なわれたため、塹壕戦の攻略には彼我ともに膨大な死傷者が生じている。

この消耗戦をともなう膠着した戦局を打開するために、「戦車」や「毒ガス」をはじめとした新兵器が戦場に登場したほか、塹壕戦では「特種兵器」と呼ばれる「歩兵砲」「迫撃砲」や「自動小銃」「機関短銃（自動短銃）」「擲弾」「手榴弾」をはじめとした歩兵自体が運用する支援用の歩兵兵器が飛躍的に発達して戦場に投入されており、攻防の両局面で軽快に移動できる「軽機関銃」も彼我陣営で「歩兵分隊」に配備されて多用されるようになっていった。

　また当初は、「偵察」のみに利用されていた「飛行機」は驚異的な進化を遂げて、大別して「偵察機」「戦闘機」「爆撃機」の三種類の航空機が既存の「気球」「飛行船」に替わり戦場を飛翔することとなり、これに対抗して地上部隊は地上以外にも「対空偽装」を行なうとともに、火砲・小火器による「対空射撃」が本格化した。

　このほかにも、海上では水中より敵を攻撃する「潜水艦」が本格的に運用されるようになり、「潜水艦」は敵主力艦の攻撃のほかにも、敵国の兵站線にある商船・輸送船を攻撃する「通商破壊戦」が開始された。

各種軽機関銃の出現

「日露戦争」以降、欧米列強陸軍は「マドセン軽機関銃」をはじめとして各種の軽機関銃を研究・開発して自国軍の装備としており、ここで機関銃の装備体系が「機関銃隊」が三脚架に載せて運用する「重機関銃」と、「射手」と「弾薬手」が二名一組となり「歩兵部隊」が携帯する二脚装備の軽便な「軽機関銃」の二元体制へと移行していった。
　以下に大正期の「欧州大戦」で参戦国に多用された代表的な軽機関銃である「ルイス型一九一一年式軽機関銃」

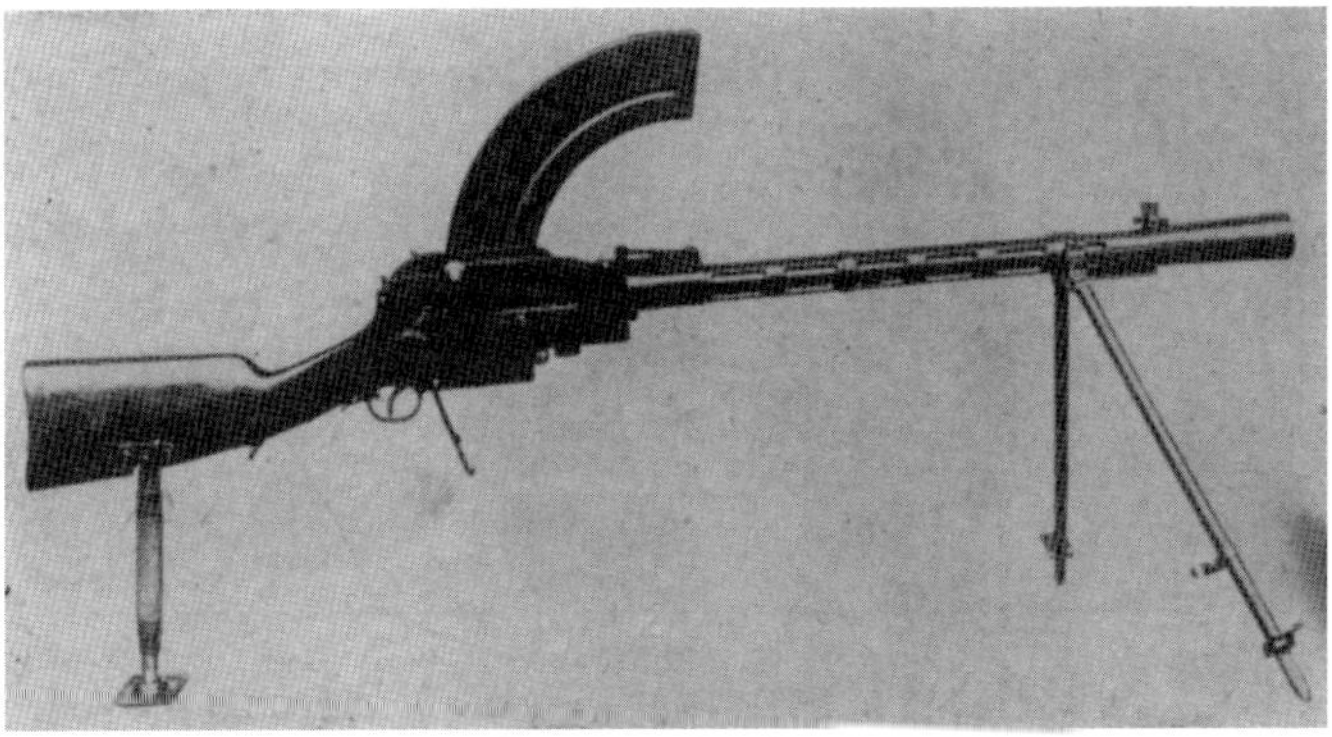

「マドセン軽機関銃」

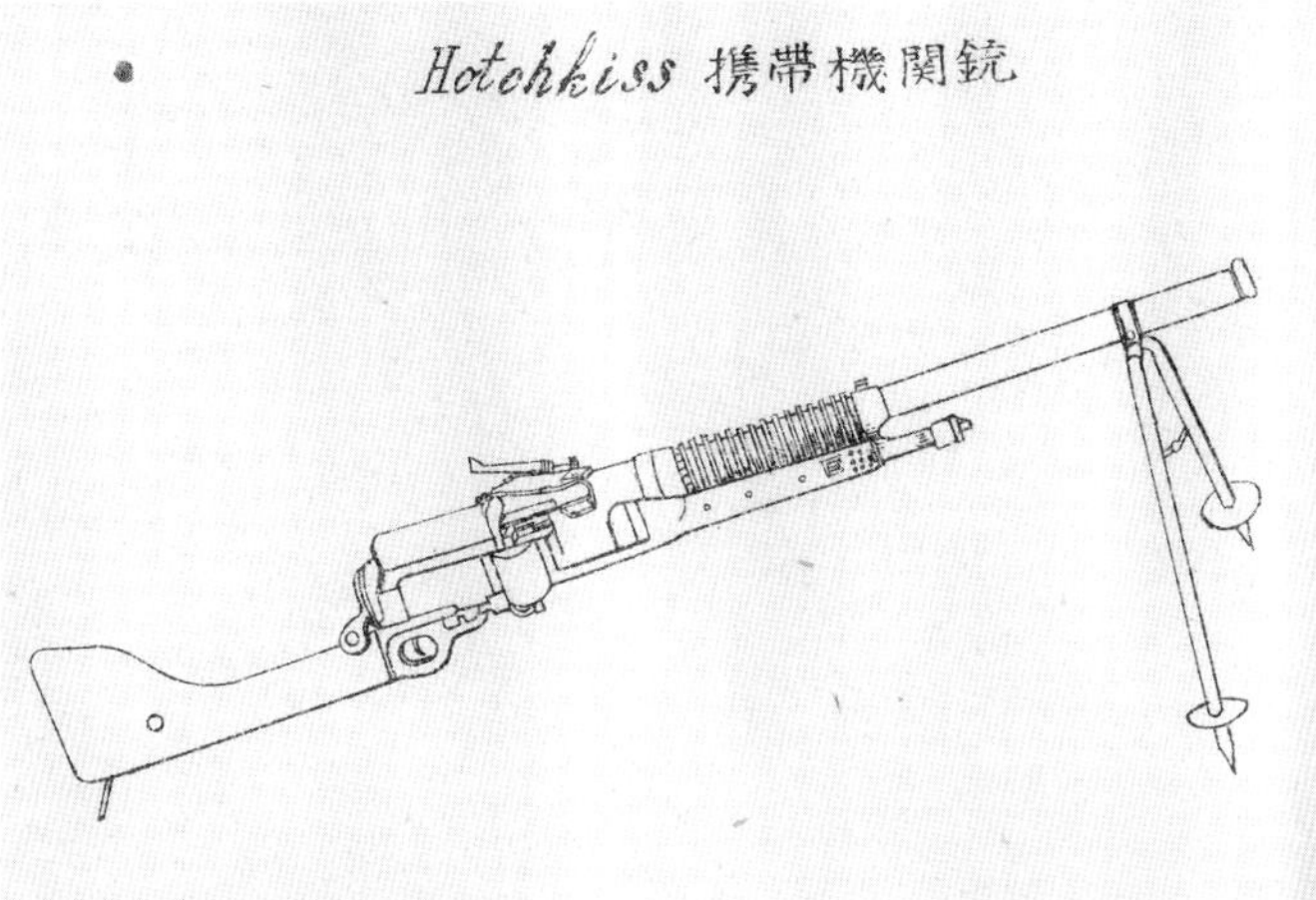

「ホチキス携帯機関銃」。「ホチキス型一九〇〇年式機関銃」や「ホチキス型一九〇四年式機関銃」を軽量化して製作された軽機関銃で、「ベネッサ・メルシール型一九〇九年式軽機関銃」の原型となった

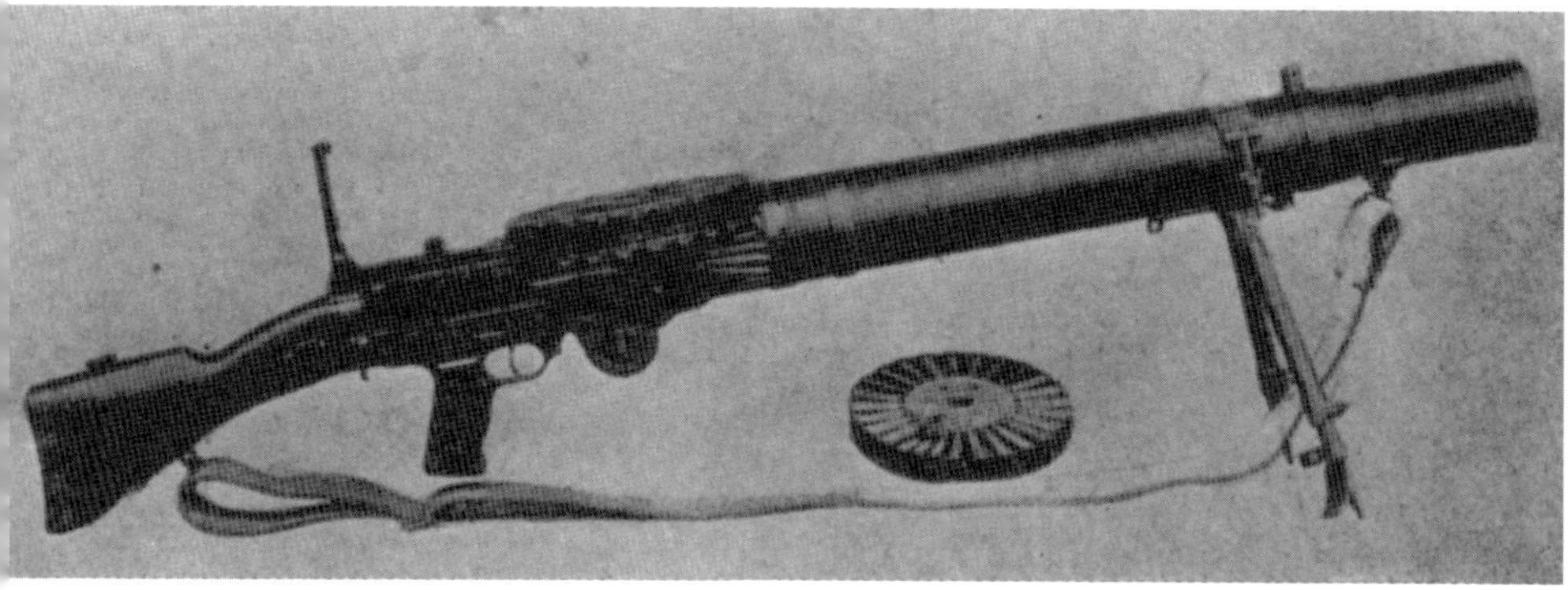

ルイス型一九一一年式軽機関銃

「ショーシャ型一九一五年式軽機関銃」「ベネッサ・メルシール型一九〇九年式軽機関銃」「独国一九一五年式軽機関銃」を紹介する。

ルイス型一九一一年式軽機関銃

「ルイス型一九一一年式軽機関銃」は米国の「ルイス退役大佐」が開発した軽機関銃であり、当初は米軍には制式採用はされずに二年後の一九一三年にベルギー軍、一九一四年に英軍に制式採用された。

口径は七・七ミリの英国小銃実包であり、四十七発ないし九十七発の弾薬を収納した金属製の円形弾倉での給弾が行なわれた。

射撃機構は射撃時の発射ガスを連発の原動力に利用しており、銃身の冷却には射撃時の空気対流を利用して冷却を行なうために銃身を筒状の「冷却筒」と呼ばれる筒が覆っているのが特徴であった。

脚部は機関部前端下部に小型の三脚架が付けられているほか、陸戦タイプの多くは「冷却筒」下部に二脚を付けたものが多用されている。

なお、「ルイス型一九一一年式軽機関銃」は、所謂日本海軍でも「九二式七・七粍機銃」ないし「ルイス」の『ル』を『留』に充てて「留式七・七粍機銃」の名称で採用されていた。

また、陸戦用として二脚を付けて「九二式軽機銃」の呼称での陸戦隊での使用のほかに、航空機の「旋回機銃」や、防空用の「高射機銃」として海軍船舶舟艇に搭載するために単脚を付けて「九二式高角機銃」の呼称でも多用されている。

なお、後に「九二式七・七粍機銃」は弾薬を含めて国産化されている。

ショーシャ型一九一五年式軽機関銃

「ショーシャ型一九一五年式軽機関銃」は、フランスの「プトー造兵廠」の「ショーシャ兵技大佐」が開発した軽機関銃である。

反動利用式で口径は八ミリであり、銃機関部下部に取り付ける二十発入りの半円形弾倉により給弾が行なわれた。

「ショーシャ型一九一五年式軽機関

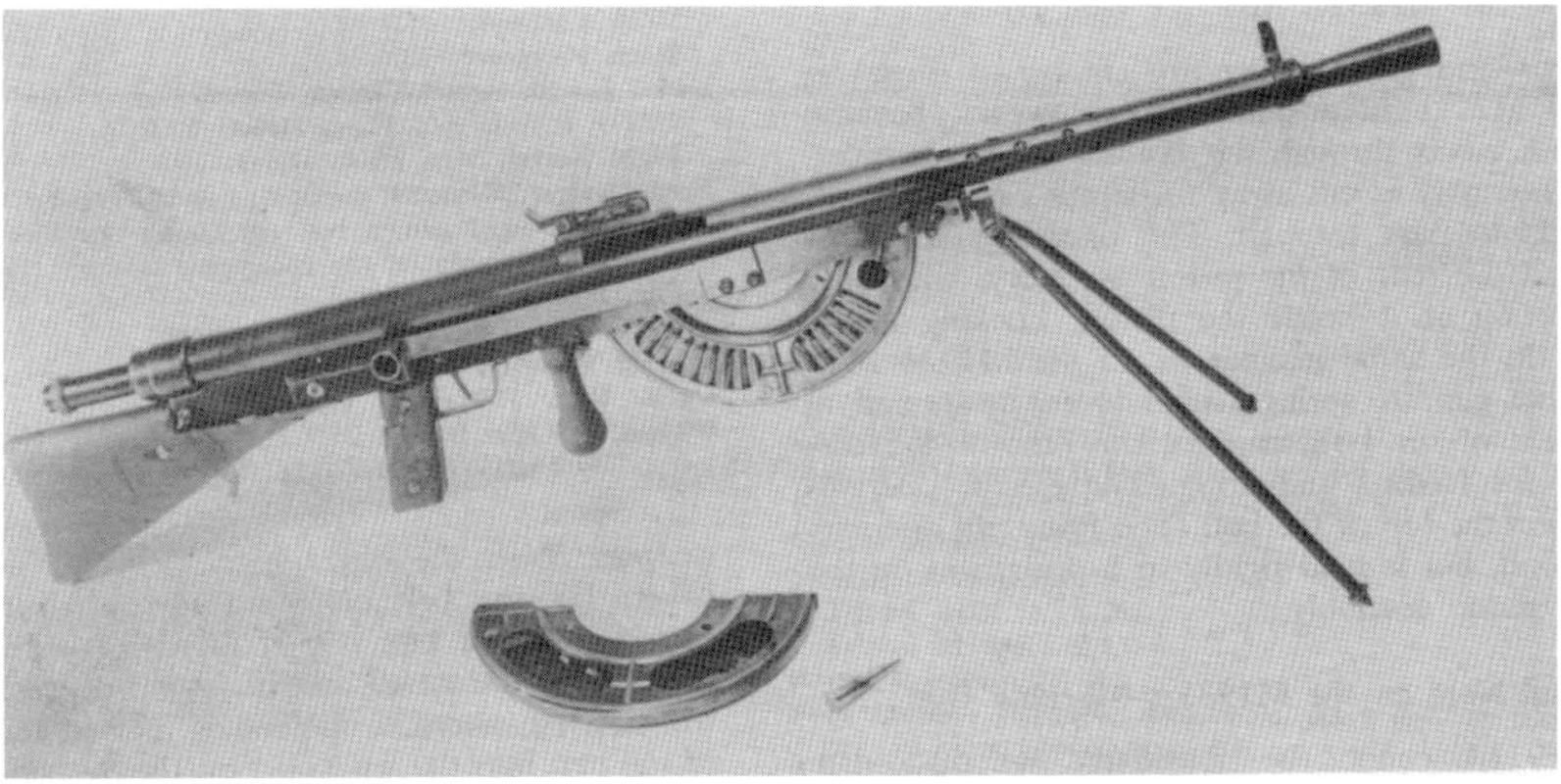

ショーシャ型一九一五年式軽機関銃

銃」は、銃の軽量化にともなう各部の強度不足と汚泥・塵埃に起因する故障の多発や、弾倉の基本構造に起因する装弾不良に悩まされたものの、一方で列強の軽機関銃中で一番の軽量さにより二脚による伏撃姿勢での通常の射撃以外にも、応用射撃として塹壕戦や突撃時に銃を「負革」で腰の位置に固定させての射撃を行なう「腰溜《こしだめ》射撃」を簡単に行なうことが可能であった。

この「ショーシャ型一九一五年式軽機関銃」はフランス軍以外にも、口径を変更して米軍の「合衆国欧州派遣兵団」でも用いられた。

後にフランス軍では「ショーシャ型一九一五年式軽機関銃」より性能に勝る「シャーテルロー造兵廠」製の「仏国一九二四年式軽機関銃」と、その改良型であり口径を新実包用に変更した「仏国一九二九年式軽機関銃」に置き換えている。

ベネッサ・メルシール型一九〇九年式軽機関銃

「ベネッサ・メルシール型一九〇九年

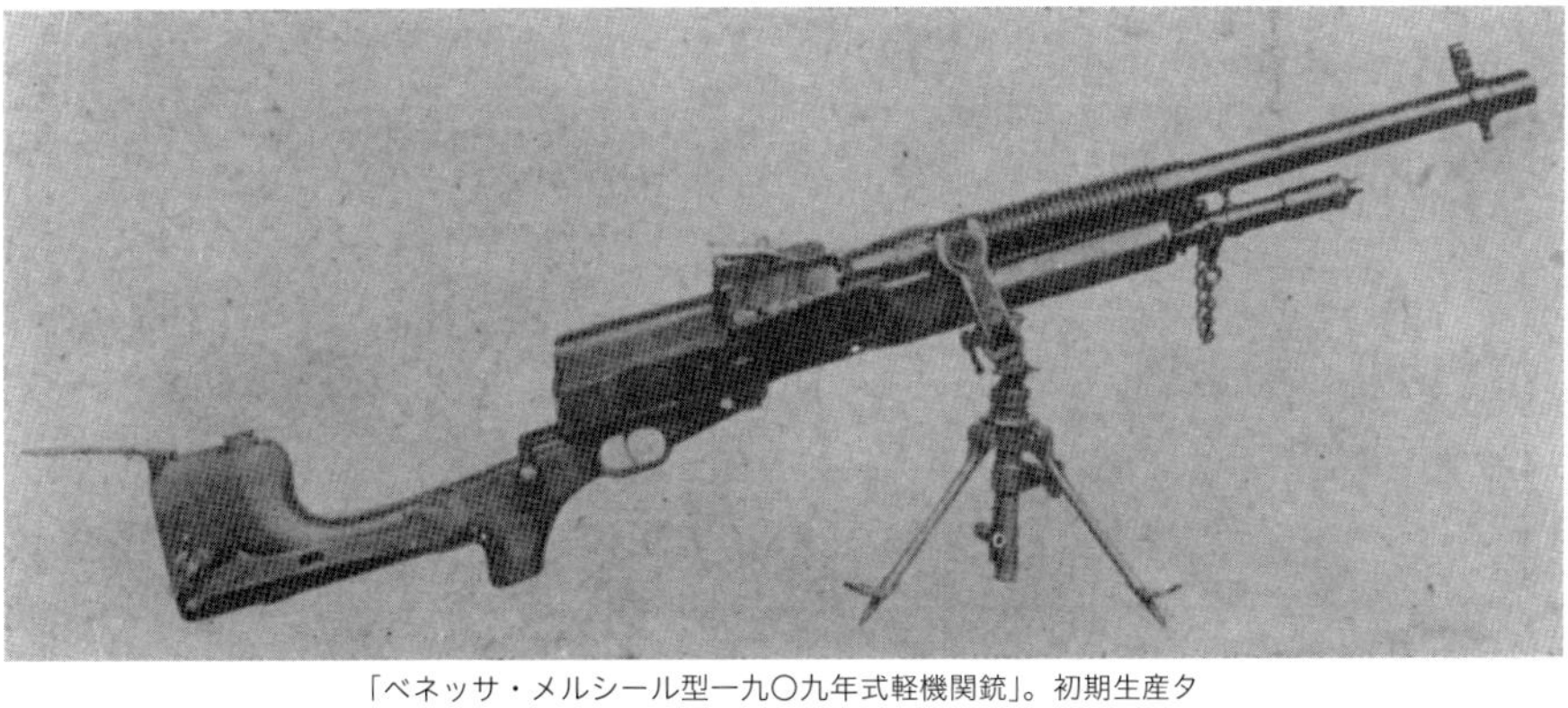

「ベネッサ・メルシール型一九〇九年式軽機関銃」。初期生産タイプで、「二脚」ではなく小型の「三脚架」が付けられている

式軽機関銃」は、フランスの「ホチキス製銃社」が一九〇九年に開発した口径八ミリのガス圧利用タイプの空形式軽機関銃である。

「ベネッサ・メルシール型一九〇九年式軽機関銃」の開発に際しては、既存の「ホチキス型一九〇〇年式機関銃」や「ホチキス型一九〇四年式機関銃」をベースとして軽量化して製作された軽機関銃であり、給弾には「弾倉」ではなく三十発の「保弾板」が用いられたほか、初期生産のタイプでは、二脚ではなく小型の三脚架が付けられていた。

「ベネッサ・メルシール型一九〇九年式軽機関銃」はフランス軍のほかにも、口径を変更して各国で用いられており、米軍でも口径を七・六二ミリに変更したモデルを「コルト製銃社」と「スプリングフィールド造兵廠」で生産している。

なお、大正十一年（一九二二年）になると、「ホチキス製銃社」は「ベネッサ・メルシール型一九〇九年式軽機関銃」をベースとした「保弾板」タイプの輸出用軽機関銃である「ホチキス型一九二二年式軽機関銃」を開発・販売している。

独国一九一五年式軽機関銃

「独国一九一五年式軽機関銃」は水冷式で反動利用のマキシム機関銃系列である、ドイツ軍制式の「独国一九〇八年式機関銃」より「三脚架」を取り除いて、「二脚」と「銃床」と「銃把」を追加して一九一五年に制定された軽機関銃である。軽量化により、重量は従来の六十二キロから十八キロと軽減されている。

給弾方式は、布製の二百五十発を収容する「保弾帯」が用いられたほか、銃機関部右側面に五十発の「保弾帯」を収める鼓動型の「簡易弾倉」を取り付けて運用することも可能であった。

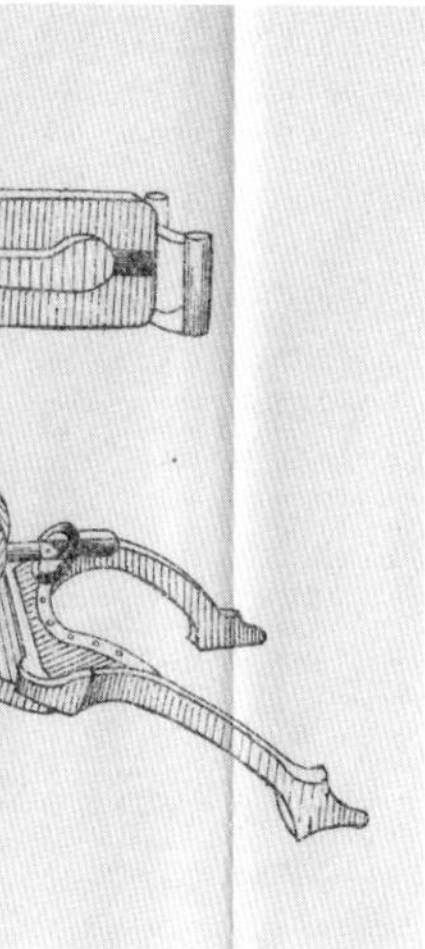

「独国一九〇八年式機関銃」。運搬用車輪が付いた橇型の脚部は車輪を外して、橇式に人力牽引しての移動も可能であった

銃の製造は「DWM独逸製銃社（Deutsche Waffen- und Munitionsfabriken）」のほかに、ベルリンの「シパンダム造兵廠」でも行なわれたために、「シパ

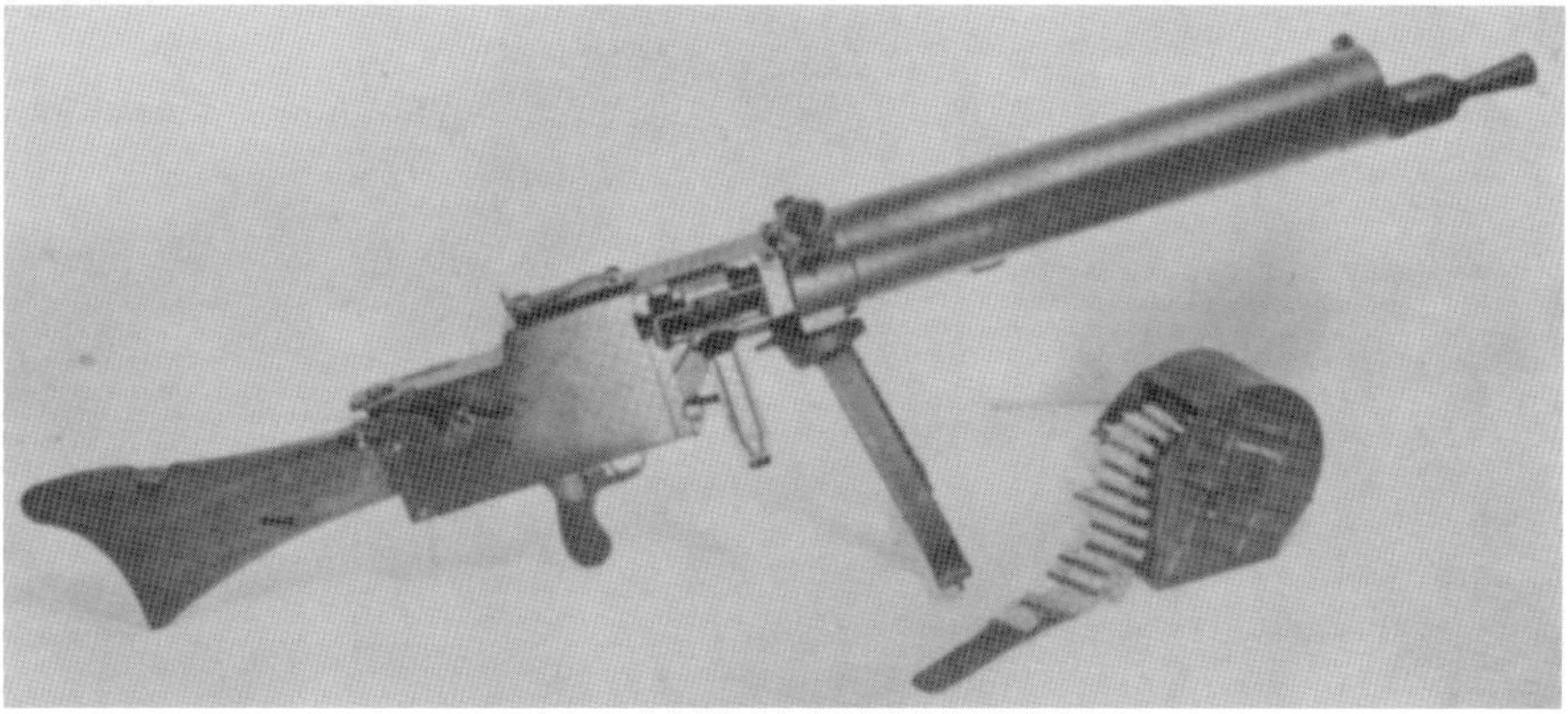
「独国一九一五年式軽機関銃」。「独国一九〇八年式機関銃」を軽量化して作製された軽機関銃

ンダム軽機関銃」の別名を持つ。

このほかのドイツの軽機関銃には「独国一九一五年式軽機関銃」の派生形として、「パラベリウム型一九一七年式軽機関銃」と「独国一九一八年式軽機関銃」がある。

「パラベリウム型一九一七年式軽機関銃」は「DWM独逸製銃社」が一九一七年に制定した空形式の軽機関銃であり、ベースは一九一四年に既存の「一九〇八年式機関銃」を航空機・飛行船搭載用に軽量化して制定された「一九一四年式航空機関銃」のうち航空機搭載用の空冷式（飛行船用は水冷式）機関銃に「二脚」を取り付けて陸上戦闘用に改造した軽機関銃である。

「独国一九一八年式軽機関銃」は、一九一八年に制定された「独国一九一五年式軽機関銃」を水冷式から空冷式に改造して重量を十五キロに軽減させた軽機関銃であり、少数が実戦で用いられている。

軽機関銃②

第9話

欧米列強の戦例を基として試作された、「試製軽量機関銃」等、国産の軽機関銃を紹介!

軽機関銃の開発の始まり

陸軍では「日露戦争」での鹵獲兵器である「マドセン軽機関銃」や欧州列強陸軍での「軽機関銃」の採用の情報を受けて、「軽機関銃」の情報収集と併せて既存の「三八式機関銃」「三年式機関銃」をベースとしての国産「軽機関銃」の開発が明治四十一年より開始されていた。

以下に日本で研究が行なわれた各種の国産「軽機関銃」を紹介する。

軽機関銃

「軽機関銃」は日本初の「試作軽機関銃」である。

研究開発は明治四十一年より開始されており、既存の「三八式機関銃」を小型化したものであった。

「軽機関銃」の機能は、「三八式機関銃」と同様であった。

試製軽量機関銃

「試製軽量機関銃」は「欧州大戦」での欧米列強の軽機関銃の戦場での使用の戦例を基として、大正三〜五年の時期に試作された軽機関銃であり、大正三年制定の「三年式機関銃」を小型化したものであった。

製造は「東京砲兵工廠」で行なわれ、大正四年五月に「陸軍技術審査部」で機能試験と抗力試験が行なわれ、五千発の射撃でも銃身の摩耗と命中精度の低下が認められなかったことから軽機関銃としての実用性が認められた。

この実験結果を基として、細部を改良した「試製軽量機関銃甲号」「試製軽量機関銃乙号」「試製軽量機関銃丙号」の三銃が増加試作されている。

増加試作された三種類の「試製軽量機関銃」はいずれも「三年式機関銃」を縮小して重量を軽減するとともに、銃身交換を容易にするために「放熱筒」と「緊締管」を廃止して「尾筒」に直接「銃身」を装着した形になっていた。

「甲号」と「丙号」は、「尾筒」の前後に三脚架タイプの「銃架」が装着されており、射撃時の前後の「銃架」の

試製軽量機関銃諸元(表 1)

	口 径	初 速	発射速度(分)	総重量	銃重量	三脚架重量
試製軽量機関銃甲号	6.5ミリ	700メートル	500発	11.007キロ	8.500キロ	3.200キロ
試製軽量機関銃乙号	6.5ミリ	700メートル	500発	.800キロ （「支脚」を含む重量）		
試製軽量機関銃丙号	6.5ミリ	700メートル	500発	9.900キロ	6.700キロ	3.200キロ

試製有筒式軽機関銃及び三年式重機関銃(表 2)

	5連 150発	8連 240発	15連 450発	20連 600発	25連 750発
試製有筒式軽機関銃	130°	–––	250°	300°	–––
三年式重機関銃	–––	80°	125°	–––	132°

「試製有筒式軽機関銃」。前期型の試作タイプであり、銃身には「覆筒」と呼ばれる冷却用ジャケットが付けられている。銃の「尾筒」左より「保弾板」がセットされているほか、背嚢形式の「弾薬箱」2つが見える

動揺軽減のために、「小桿」と呼ばれる棒材で前後の「銃架」が連結されていた。

「乙号」は小銃形式の「床尾（ストック）」があり、伏射時の便を顧慮して「尾筒」前端に「支脚」と呼ばれる簡単な脚が取り付けられていた。

この試作された「軽量機関銃」は、「欧州大戦」の戦訓より戦時に際して「歩兵聯隊」隷下に編成予定の「特殊軽機関銃隊」に配備されて、戦局に応じて聯隊隷下の各「歩兵中隊」に配属が計画されていた。

試製有筒式軽機関銃

「試製有筒式軽機関銃」は大正七年に作製された軽機関銃であり、給弾方式は「三年式機関銃」と同様に「保弾板」により行なわれた。

外見の特徴としては、銃身の冷却効果を向上させる目的で冷却用の襞の付いた放熱筒の外部に、米国の「ルイス型一九一一年式軽機関銃」と同型の射撃時の対流利用の冷却用ジャケットである「覆筒」が付けられていた。

また、この「覆筒」の下部には射撃用の折畳式の「二脚」が取り付けられていた。

「試製有筒式軽機関銃」。後期型の試作タイプであり、「覆筒」には冷却効果向上と強度増加のためにリブが付けられている

・試製有筒式軽機関銃諸元
口径：六・五ミリ
重量：約一一キロ
初速：七二五メートル
射撃速度：毎分二三〇発前後

大正九年になると、「陸軍騎兵学校」において「試製有筒式軽機関銃」の連続射撃時の限界能力を調べる実験が行なわれた。

「試製有筒式軽機関銃」と「三年式重機関銃」とを比較しての連続射撃時における「銃身」の加熱状況は表2の通りである。

この試験の結果、「試製有筒式軽機関銃」は「十連（三百発）」までの連続射撃は問題ないことが判明している。

また、必要に応じて「二十連（六百発）」～「二十五連（七百五十発）」の連続射撃が可能であり、連続射撃の限界は「三十連（六百発）」と定められた。

試製無筒式軽機関銃

「試製無筒式軽機関銃」は大正七年に制定された「軽機関銃」であり、「三年式機関銃」を小型・軽量化させた軽機関銃である。

「試製無筒式軽機関銃」は「試製有筒式軽機関銃」とは異なり、冷却用ジャケットである「覆筒」は装着されずに、銃身には放熱用の襞の付いた放熱筒の下部に射撃用の折畳式の「二脚」が取り付けられていた。

重量は九キロであり、給弾方式は「三年式機関銃」と同様の「保弾板」方式であった。

試製無筒式軽機関銃

大正七年に作製された「試製無筒式軽機関銃」は翌大正八年になると、重量をより軽減させて重さ八キロの新たな改良タイプの「無筒式軽機関銃」が制定される。

この「試製無筒式軽機関銃」はその後、「給弾装置」等の各種改良をうけて、後の「十一年式軽機関銃」のベースとなる大正十年制定の「乙号軽機関銃」の母体となる。

「試製無筒式軽機関銃」

甲号軽機関銃

「甲号軽機関銃」は大正九年に試作された軽機関銃である。

「甲号軽機関銃」は「試製有筒式軽機関銃」をベースとして、米国の「ルイス型一九一一年式軽機関銃」の給弾システムを参考として給弾方式を従来の「保弾板」形式より「弾倉」形式に改めたものであった。

弾倉は「ルイス型一九一一年式軽機関銃」と同様に、「尾筒」と呼ばれた機関部上部に回転式の円形弾倉が取り付けられ、射撃用の脚は二脚ではなく小型の三脚架が取り付けられていた。

乙号軽機関銃

「乙号軽機関銃」は、大正八年に作製された改良タイプの「試製無筒式軽

「乙号軽機関銃」。「十一年式軽機関銃」の旧名称であり、「弾倉」を用いることなく「尾筒」左側にある「装填架」と呼ばれるホッパースタイルの固定弾倉に５発１組の小銃弾を装弾子のまま６組（計30発）を装填する

機関銃」をベースとして、給弾方式を「保弾板」タイプではなく五発一組の「装弾子（クリップ）」付の小銃実包をホッパータイプの「装填架」と呼ばれる固定式の給弾部位に装填する固定弾倉タイプの軽機関銃である。

この「乙号軽機関銃」は、後に陸軍初の量産型制式軽機関銃である「十一年式軽機関銃」の旧名称であり、初期生産タイプは柄桿が機関部右側にあったほか、「二脚」の形状をはじめとした細部が「十一年式軽機関銃」と異なっていた。

歩兵聯隊の編制と軽機関銃の用法

大正七年以降の編成では、陸軍の「歩兵聯隊」の編成は指揮機関である「聯隊本部」の隷下に三個の「歩兵大隊」を擁していた。

「聯隊本部（「聯隊長」は大佐）」は直轄部隊として機関銃六門を装備した「機関銃隊」があるほかに、「欧州大戦」の戦訓を取り入れて適宜に歩兵砲を装備した「特殊砲隊」の編制が開始されていた。

「歩兵大隊」は指揮機関の「大隊本部（「大隊長」は少佐）」と、四個の「歩兵中隊」を擁していた。

各「歩兵中隊」は指揮機関である「中隊本部（「中隊長」は大尉）」と、三個の「歩兵小隊」を擁していた。

大正軍縮

大正期には「欧州大戦」終結に起因した世界恐慌により、日本は大正十一年と十四年に二度の軍縮を行なっている。

一回目の大正十一年（一九二二年）の「第一次軍備整理

「陸軍歩兵学校」での軽機関銃の展示状況。左より「試製無筒式軽機関銃」「試製有筒式軽機関銃（初期型）」「甲号軽機関銃」「乙号軽機関銃」「十一年式軽機関銃」

（山梨軍縮）」では、全軍の「歩兵聯隊」隷下の各「歩兵大隊」より末尾番号の「第四中隊」「第八中隊」「第十二中隊」の三個中隊と、「騎兵聯隊」より一個中隊を削減することで、五万九千名の将兵と一万頭の馬匹を削減している。

大正十一年の「歩兵聯隊」の編成改編により、軍縮により削減された兵力を新兵器の火力で補うべく、「歩兵聯隊」では「聯隊本部」直轄の「機関銃隊」を廃止して、各「歩兵大隊」隷下に「機関銃」四門を装備した「機関銃中隊」が新設された。

この「歩兵大隊」隷下の「機関銃中隊」の編成構想は、大正九年の「大正九年式歩兵操典草案」の制定時より立案されていたものの、実際には予算面での折り合いがつかずに戦時に際しては聯隊直轄の「機関銃隊」を母体として三個の「機関銃中隊」を編成する計画であった。

また、「歩兵聯隊」の直轄として、「特殊砲隊」を改編して「歩兵砲隊」が編成されるとともに、「聯隊本部」内に編成されていた「通信班」が独立した「通信隊」に改編された。

このほかに、各大隊より削減された三個中隊は戦時編制に際して復活することとなっていた。

二回目の大正十四年（一九二五年）「第二次軍備整理（宇垣軍縮）」では、四個師団の削減を行ない、三万四千名の将兵を削減した。余剰となった軍事費で兵力不足を補填するために新兵器の導入を行なうとともに、各学校に「配属将校」を派遣して学校教練の強化にあたらせている。

歩兵聯隊編制　大正７年～10年

聯隊本部		
	直轄部隊	機関銃隊
		特殊砲隊
第一大隊	大隊本部	
	第一中隊	
	第二中隊	
	第三中隊	
	第四中隊	
第二大隊	大隊本部	
	第五中隊	
	第六中隊	
	第七中隊	
	第八中隊	
第三大隊	大隊本部	
	第九中隊	
	第十中隊	
	第十一隊	
	第十二隊	

歩兵聯隊編制　大正11年

聯隊本部		
	直轄部隊	歩兵砲隊
		通信隊
第一大隊	大隊本部	
	第一中隊	
	第二中隊	
	第三中隊	
	第四中隊（戦時編成のみ）	
	第一機関銃中隊	
第二大隊	大隊本部	
	第五中隊	
	第六中隊	
	第七中隊	
	第八中隊（戦時編成のみ）	
	第二機関銃中隊	
第三大隊	大隊本部	
	第九中隊	
	第十中隊	
	第十一隊	
	第十二中隊（戦時編成のみ）	
	第三機関銃中隊	

第10話

軽機関銃③

「改修乙号軽機関銃」に小改正を施して、陸軍初の量産型軽機関銃として採用された「十一年式軽機関銃」の構造及び付属品等を取り上げる！

初期の軽機関銃の運用

「欧州大戦」が勃発した大正三年の時点で、日本陸軍は欧州での「軽機関銃」の使用状況を収集するとともに、戦時に際しては各「歩兵聯隊」隷下に「聯隊本部」の直轄部隊として「軽機関銃」を装備した「特種軽機関銃隊」の編成を計画していた。

この計画された「特種軽機関銃隊」は編成上では十二挺の軽機関銃を装備しており、戦局に応じて「聯隊」隷下の各「歩兵中隊」に一挺宛の配属を行なうこととなっていた。

また、「軽機関銃」の具体的な運用としては、大正九年制定の「大正九年式歩兵操典草案」の付録に初めて「中隊ニ軽機関銃ヲ配属セラレタル場合ノ用法」のタイトルで運用法が明記された。

配属された軽機関銃の運用は、当初は中隊長直轄の火器として中隊正面の敵に対して地形地物を利用しての斜射・側射を行ない、攻撃に際しては中隊隷下の歩兵小隊に分属しての使用が奨励されているほか、退却時の後退援護時の支援射撃等の攻防に際しての使用法が七項目で規定されていた。

二つの軽機関銃

大正初期に試作された「試製軽量軽機関銃」は、大正四年になると「甲銃」「乙銃」「丙銃」の三種類の増加試作モデルが作られ、このモデルをベースとして大正七〜八年にかけて「試製有筒式軽機関銃」と「試製無筒式軽機関銃」の開発が開始された。

続いて大正九年七月の「陸軍技術本部兵器研究方針」に従い、歩兵兵器では各種の「特殊兵器」と併せて、既存の「試製有筒式軽機関銃」「試製無筒式軽機関銃」の実用試験が行なわれた。

また、大正九年になると試製ではなく実用機関銃の最終試用として、米国「ルイス型一九一一年式軽機関銃」の給弾機構を参照した着脱式の回転弾倉を備えた「甲号軽機関銃」が作製されるとともに、翌大正十年には「保弾板」を用いる「試製無筒式軽機関銃」をベースとして、固定弾倉を備えた「乙号軽機関銃」が製造されて最終的な実用試験が行なわれた。

十一年式軽機関銃の制定

大正十一年四月になると「東京砲兵工廠」での生産が完了して、「陸軍兵器本廠」で保管中の「甲号軽機関銃」十二挺、「乙号軽機関銃」十八挺を「制式機関銃」の制定審査のために「陸軍技術本部」へと下付されている。

この審査試験により制式機関銃は「乙号軽機関銃」をベースとすることとなり、新たに「銃床」形状と「柄桿」位置を「尾筒」右より左に変更するなどの改修が施された「改修乙号軽機関銃」六挺が追加生産されて「陸軍技術本部」で追加審査が行なわれ、この「改修乙号軽機関銃」に小改正を施して制式機関銃である「十一年式軽機関銃」が制定される。

なお審査終了後の十八挺の「乙号軽機関銃」のうち、同年十二月になると四挺は「陸軍兵器本廠」へ返納されたものの、残る十四挺は「十一年式軽機関銃」の扱いで増加装備として外地軍である「朝鮮軍」隷下の「第十九師団」、「第二十師団」隷下の「歩兵聯隊」へ配属された。

朝鮮軍乙号軽機関銃増加配備状況
大正11年12月

配備部隊		配備数
第十九師団	歩兵第七十四聯隊	3
	歩兵第七十五聯隊	2
	歩兵第七十六聯隊	3
第二十師団	歩兵第七十七聯隊	4
	歩兵第七十八聯隊	2
合計		14

十一年式軽機関銃の構造

「十一年式軽機関銃」の最大の特徴は、取扱法に『……挿弾子ニ装セル小銃實包ヲ装填シ得ルヲ特徴トス。蓋シ弾薬補充上至大ノ利益ヲ有スルヲ以テ…………』とあるように脱着式の「弾倉」や「保弾板」を用いずに、銃の尾筒左側にある「装填架」と呼ばれる固定弾倉に五発一組宛に「挿弾子（クリップ）」で纏められた小銃弾六組の合計三十発を装填する給弾システムであった。

これは小銃弾と共通の弾薬が使用できる点から、弾薬補給の面からも大きなメリットがあった。

機能面では「装填架」に装填された挿弾子付の五発一組の弾薬は、「装填架」底部にある「送弾室」内にある「遊底」に連動して左右に動く「送弾坐」の作用により「薬室」内に送り込まれ、弾薬を送った空の「挿弾子」は「装填架」下部の穴より自重落下する仕組みである。

また、「装填架」の上部には「圧桿」と呼ばれるバネが付いた弾薬を圧定する蓋兼用の開閉式のガイドの働きにより適宜に「装填架」の挿弾子付弾薬は

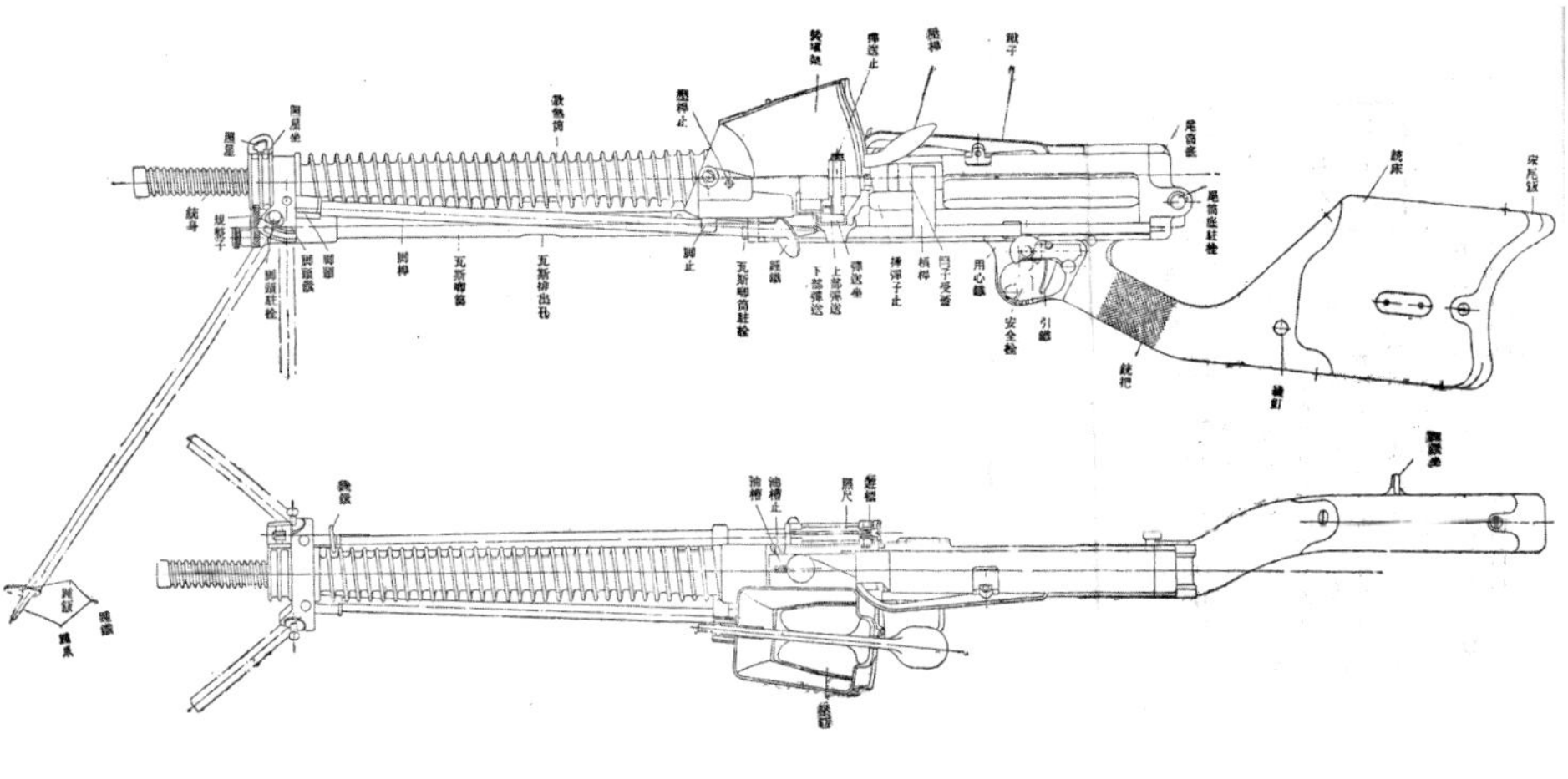

「十一年式軽機関銃」の側面図と上面図

火砲に押し下げられていく。このシステムにより、「柄桿」により薬室に装填された弾薬は、「引鉄」の操作により撃発され、その発射ガスは冷却バレルであり銃身を覆う「放熱筒」下部の「瓦斯喞筒」を作動させて「遊底」を動かして次弾を装填させる。

銃の尾筒上部には「油槽」と呼ばれる「常用鉱油」を収めたタンクがあり、「三年式機関銃」と同様に、装弾不良防止と薬室の焼付防止のために装填に際して弾薬に塗油がなされるようになっていた。

照準用の「照尺」には可動式の「表尺板」があり、三百より千五百メートルまで百メートル刻みでの照準が可能であった。

射撃方法は「伏射」がメインであり、「放熱筒」下部に折畳式の「二脚」が付随しており、高低の二種類の高さを選択することができた。

十一年式軽機関銃の付属品

十一年式軽機関銃は、軽機関銃の機能と性能面より「小銃」を超える多くの付属品とメンテナンス器材が存在した。

付属品には「負革」「銃口蓋」「銃覆」「握革」「装填架嚢」「属品嚢」「属品差」「手入具嚢」「手入具箱」と「予備銃身」があった。

「負革」は、銃を背負う場合に用いる革製のベルトであり、「茄子環」と呼ばれる脱着リングにより「放熱筒」と「銃床」の取付部分に連結する。

「銃口蓋」は、銃口部に取り付ける防

「十一年式軽機関銃」の伏射状況。「弾倉」代替の「装填架」を始めとした機関部の形状が良くわかる一葉である。「装填架」上部に「圧桿」が見えないので弾薬は装填されていないことがわかる

塵用のカバーである。

「銃覆」は、革製の防塵用の銃カバーであり長距離行軍等の場合に用いられ、「装填架」を取り外した「尾筒」を覆うようになっている。また騎兵用として「装填架」を付けたまま銃全体をカバーする革製の「駄馬用銃被」がある。

「握革」は、戦闘間の連続射撃で加熱した銃身を握るためのハンドカバーであり、石綿製のガードの外側を褐色牛皮で覆い、内面は金網が装着されており、「放熱筒」の下部に吊り下げる形で装着した。

「装填架嚢」は、長距離行軍等で銃の尾筒部分より分離させた「装填架」を収納する革製のケースであり、「帯革」ないし「背嚢」に装着する。

「属品嚢」は、「附属品」を収めた「属品差」を収納する麻布製のケースである。

「属品差」は、各種の付属品を装着させるための皮製のフォルダーであり、「槊條」一、「転螺器」一、「栓抜」大小各一、「瓦斯搔」一、「打殻抜」甲乙各一、「規整子廻」一、「槌」一、「複座発條」一、「予備品入」一を取り付けることができた。

「槊條」は組立式のクリーニングロッドであり、「槊條―甲」二個、「槊條―乙」一個で一組となっており、「甲―乙―甲」の順に接続して用いる。「銃腔」清掃の場合は「槊條―甲」の端に「手入具箱（後述）」内に収納されている「洗管」ないし「洗頭」を装着し、「瓦斯唧筒」ないし「尾筒」内部の手入れには「槊條―乙」の端に、「瓦斯唧筒洗頭」ないし「瓦斯搔」を装着す

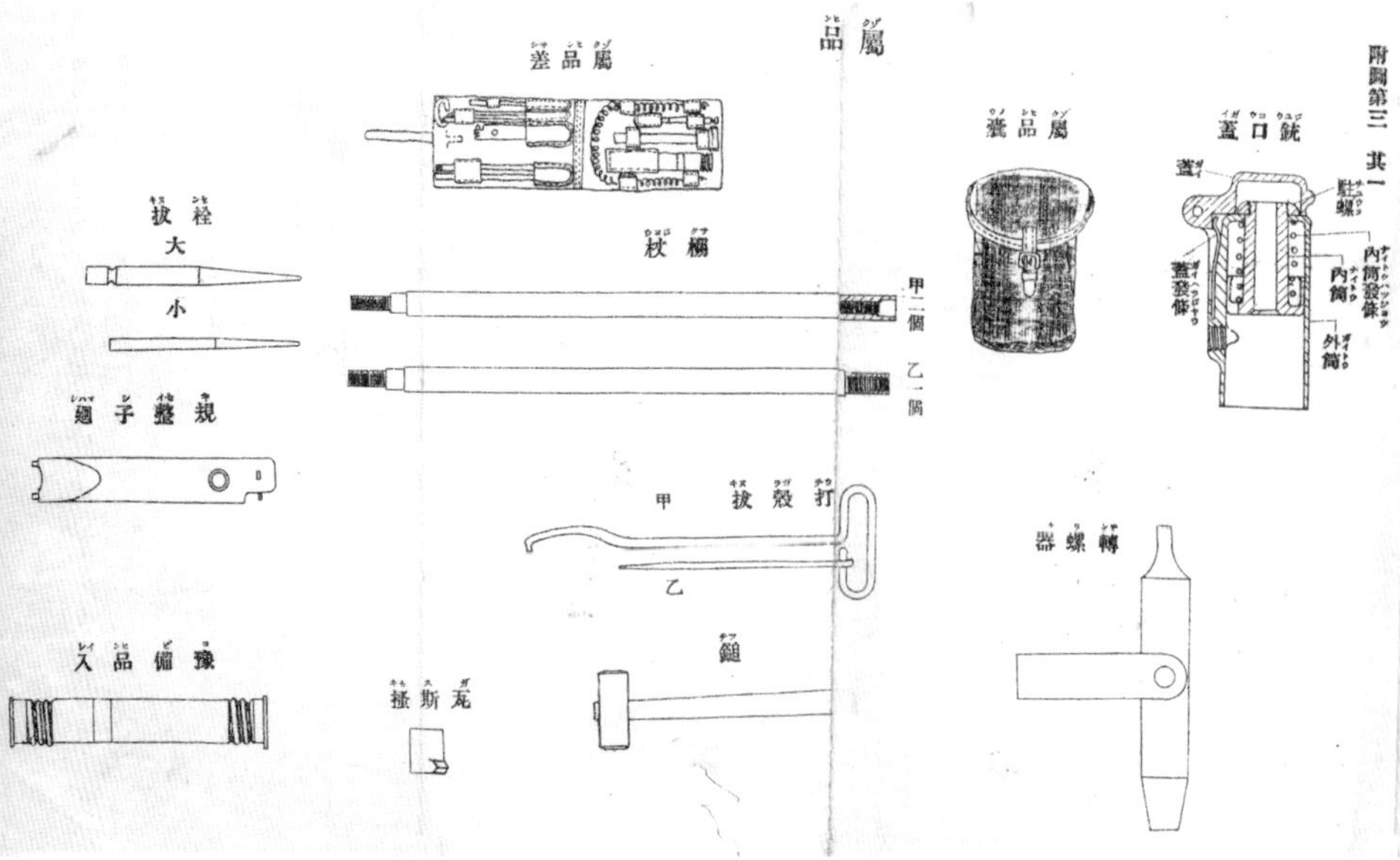

「属品嚢」の主要入組品。軽機関銃のメンテナンスを含む付属器材は「属品嚢」と呼ばれるケースに収められており、この中に「属品差」と呼ばれる2つ折りのフォルダーに器材が差し込まれていた

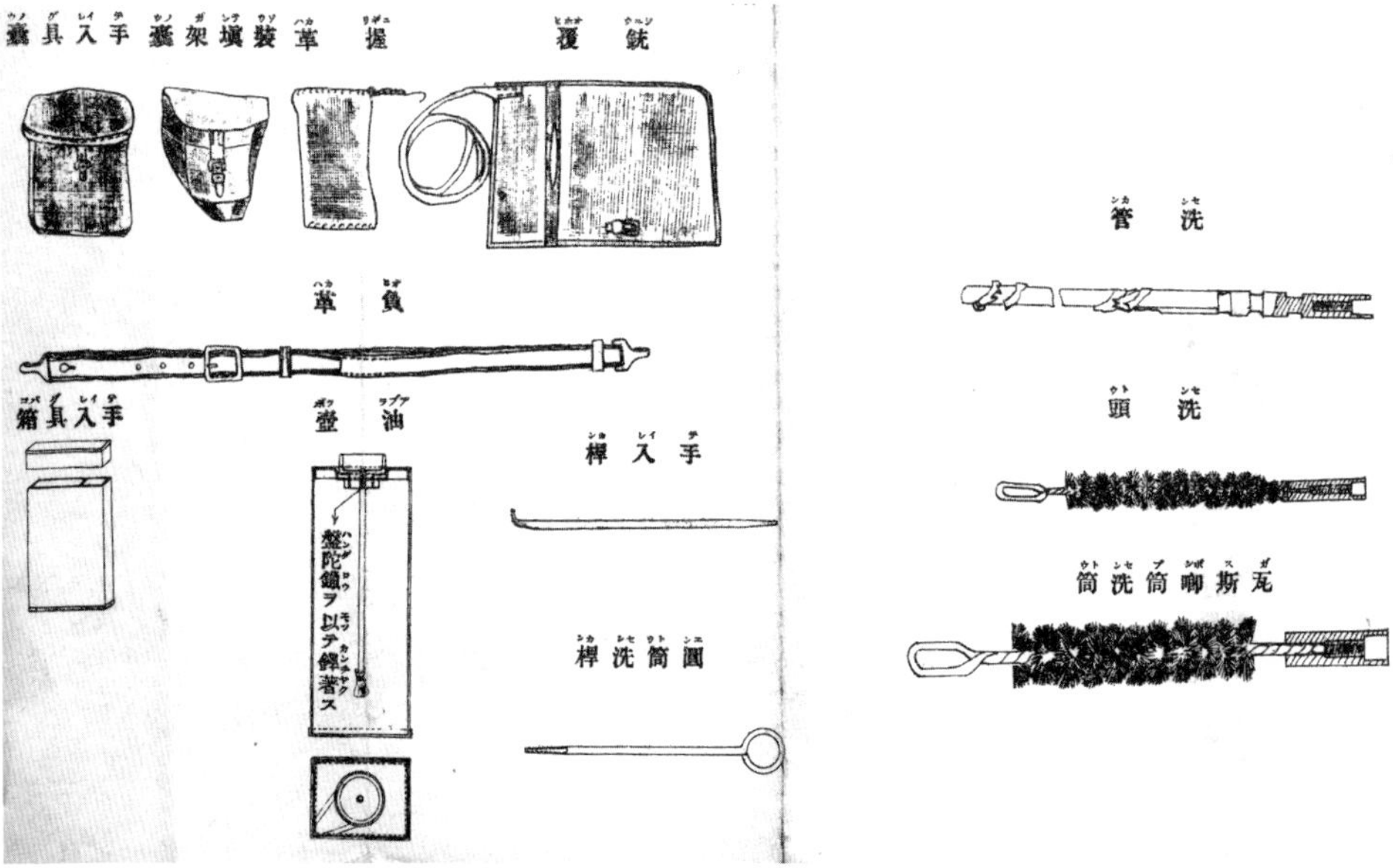

「十一年式軽機関銃」の主要属品。「手入具嚢」の中には手入器材を収めたブリキ製の「手入具箱」が収納されていた

る。「転螺器」は、分解時に用いるネジ回しである。

「栓抜」は「栓抜―大」と「栓抜―小」の二種類があり、分解結合や故障排除の時に用いる。

「打殻抜」は甲と乙の二種類があり、「打殻抜―甲」は薬室内に停滞した薬莢の除去に用い、「打殻抜―乙」は装弾故障の排除全般に用いる。

「規整子廻」は、「規整子」の装脱に用いるほか、折れた撃針の排除のほかに「弾倉」の取外時には「弾倉止」と呼ばれるピンの離脱に用いる。

「槌」はハンマーであり、分解結合や故障排除の時に用いる。

「複座発條」は、予備の複座発條である。

「予備品入」は内部が二分された予備部品収納用のブリキ製円筒であり、「大収容室」には「撃針」四、「抽筒子発條」一、「柄桿発條」一、「瓦斯喞筒駐栓」一、「小収容室」には、「抽筒子」三、「逆鉤」一、「蹴子軸」一、「引鉄軸」一、「誘導子」一、「油導子駐螺」二、「遊標駐鉤発條」一、「逆鉤発條」一、「誘導子発條」一、「装填架駐子発條」一、「規整子駐子発條」一、「弁発條」一を収容した。

「手入具嚢」は、「手入具」を収めた「手入具箱」を収納する麻布製のケースである。

「手入具箱」は、手入具を収める内部が二分されたブリキ箱であり、「油壺」一、「瓦斯喞筒洗頭」二、「洗頭」三、「閂子」一、「手入桿」一、「円筒洗桿」「洗管」一を収納した。

「予備銃身」は、銃身の前後を「予備銃身腔蓋」と呼ばれる蓋で密閉してから、麻布製の「銃身覆」に収納する。

「予備銃身」の携帯は「背嚢」へ縛着する。

高射機関銃

新たに制定された「高射機関銃」は地面の凹凸や射撃振動で銃の動揺を防ぐために重量のある堅固な三脚の上に銃を配置しており、飛行を続ける飛行機の速度に応じた未来位置に射弾を送り込むために蛛の巣状の「照準環」が銃身に設置されている。この「高射機関銃」は日本海軍では「高角機銃」の名称で艦艇の個艦防御や陸戦で多用された。

軽機関銃④

第11話では「十一年式軽機関銃」の、実性能（発射速度等）、弾薬携帯、そして分隊の編制等を紹介！

第11話

十一年式軽機関銃の実性能

「重機関銃」と異なり「軽機関銃」は、軽量である半面で持続射撃の制限を受けるとともに小型の精密兵器ゆえの故障のデメリットが高く、部隊配備に際して、現場部隊にとって未知の兵器である軽機関銃に対しての解説として『……輕機關銃ハ重機關銃ニ對シテ機能一層鋭敏ナリ。之ヲ時計ニ例フレハ重機關銃ハ置時計ニシテ、輕機關銃ハ懐中時計ナランカ即チ機能狂ヒ易ク故障生シ易シ……』と説明されている。

「十一年式軽機関銃」のオフィシャルな発射速度は毎分約五百発であるが、通常の射撃では「銃身」の加熱を顧慮して毎分百五十発が基準とされ、また支援射撃時の連続した「点射」を行なう場合は毎分七十発の射撃速度が推奨された。

三十発の連続射撃で銃身温度は素手で保持できない五十～六十度に達し、三百発で約三百二十度となり薬室内の弾薬の自爆を誘発するために、連続射撃の上限は三百発を限度とされた。

また、暴発防止のために、戦闘時の移動に際して弾抜きを行ない薬室内に弾薬が無いことを確認後に移動することが定められている。

連続射撃では「装填架」内にある三十発の弾薬は三～四秒で発射され、再装填の時間は弾薬手が「弾匣」から右手で三挿弾子分（十五発）の弾薬を摘んで取り出す二回の動作で八～十秒であった。

十一年式軽機関銃の弾薬携帯

「十一年式軽機関銃」の制定と併せて、軽機関銃の弾薬の携帯には専用の「弾薬盒」「弾匣」「弾匣嚢」「弾薬箱」が用いられた。

「弾薬盒」は麻布製の弾薬ポーチであり、十五発一組の「紙函」四個の合計六十発の弾薬を収納が可能であり、「革帯」の前腰部分に一ないし二個を装着した。

「十一年式機関銃」の「分隊長」「射手」「第一弾薬手」の軍装状況。自衛火器として「二十六年式拳銃」と「三十年式銃剣」を携帯するほか、「分隊長」は「属品嚢」、「射手」は「手入具嚢」を携帯する。写真手前の軽機関銃の横には各120発の弾薬を収めた４つの「弾匣」がある

「弾匣」は開閉式の蓋の付いた金属製の箱で、内部には四つの区切りがあり各々には三挿弾子分（十五発）ずつを交互に合計百二十発の弾薬を収納でき、携帯用に蓋部分に「提把」と呼ばれる取手が付いていた。

「弾匣嚢」は、「弾匣」を運搬時に外周を包被して運搬する麻布製のカバーであり、肩から下げるための脱着鉤の付いた麻布製の負紐を付けることができるほか、「弾匣」を包被しない場合は増加弾薬の運搬ポーチとして内部に百五十発の弾薬を収納することができた。

「弾薬箱」は既存の歩兵用の千四百四十発の弾薬を収めた「弾薬箱」のほかに、騎兵科の軽機関銃専用として駄載タイプの木製弾薬箱が新たに制定された。

この弾薬箱は百八十発の弾薬を包んだ「割包」二個分の合計三百六十発の弾薬が収納できた。

軽機関銃分隊の編制

「十一年式軽機関銃」の配備は大正十一年より開始されており、各師団隷下の「歩兵聯隊」の「歩兵中隊」宛に三挺ずつの割合での配備が開始されていった。

「軽機関銃」は「中隊」隷下にある三つの「小隊」に一挺ずつあてがわれることとなっており、各「小隊」では新たに「軽機関銃」一挺を装備した「軽機関銃分隊」が編成された。

最初期の「軽機関銃分隊」の編成は、「十一年式軽機関銃」の制定以前の時期より「陸軍歩兵学校」を核として研究が行なわれていた。これは「甲号軽

大正12年制定の「十二年式歩兵操典草案」に準拠した「軽機関分隊」。「射手」を中心に左右２名ずつの計４名の「弾薬手」が傘型に展開しており、後方には「分隊長」がみえる。演習のため「第二弾薬手」「第三弾薬手」「第四弾薬手」は小銃を携行していない

機関銃」ないし「乙号軽機関銃」を装備した分隊編成であり、「分隊長」「射手」「弾薬手」四名の合計六名より編成するものであった。

大正十二年の軽機関銃分隊

大正十二年制定の「大正十二年式歩兵操典草案」に併せて、「歩兵中隊」隷下の三つの「歩兵小隊」内に一分隊宛に「軽機関銃分隊」が設置されることとなった。

「大正十二年式歩兵操典」にある「十一年式軽機関銃」を装備した「歩兵小隊」隷下の「軽機関銃分隊」は、「分隊長」「射手」「第一弾薬手」から「第四弾薬手」の「弾薬手」四名の合計六名より編成されていた。

「分隊長」は、「軽機関銃」の属品を収めた「属品嚢」と弾薬六十発を収容した麻布製「弾薬盒」二個（合計百二十発）を携帯するほか、自衛兵器として「二十六年式拳銃」と「三十年式銃剣」を装備した。「分隊長」の携帯する弾薬は予備弾薬として最後に使用する。

「射手」は、「軽機関銃」と手入具を収めた「手入具嚢」を携行するほか、自衛兵器として「二十六年式拳銃」と「三十年式銃剣」を装備した。

「第一弾薬手」は、麻布製「弾薬盒」二個（百二十発）と、「弾匣嚢」で包括した「弾匣」一個（百二十発）の合計二百四十発の弾薬を携行するほか、自衛兵器として「二十六年式拳銃」と「三十年式銃剣」を装備した。

「第二弾薬手」「第三弾薬手」「第四弾薬手」は、麻布製「弾薬盒」二個（百二十発）と、「弾匣嚢」で包括した「弾匣」一個（百二十発）の合計二百四十発の弾薬を携行するほか、自衛兵器として「三八式歩兵銃」と「三十年式銃剣」を装備した。

また、戦闘時の増加弾薬の携帯用として、四名の「弾薬手」が「弾匣」の携帯に用いる「弾匣嚢」内に各百五十発宛の弾薬を収納することで、合計六百発の増加弾薬を携帯することが可能であった。

内地での演習等では、「分隊長」と「弾薬手」は二個の「弾薬盒」を付けず、四名の「弾薬手」が各自に「弾匣」を携行するのみであり、自衛用の「三八式歩兵銃」を携行しない場合も多かった。

この場合の「軽機関銃分隊」の弾薬携行数は、各百二十発の弾薬を収めた「弾匣」四個の合計で四百八十発である。

大正十五年の軽機関銃分隊

大正十五年になると、実戦での弾薬補充を顧慮して「軽機関銃分隊」の編成に「第五弾薬手」「第六弾薬手」の「弾薬手」二名が追加されて、従来の六名から八名編成へと改編される。

「分隊長」は、「軽機関銃」の属品を収めた「属品嚢」と弾薬六十発を収容した麻布製「弾薬盒」二個（合計百二十発）を携帯するほか、自衛兵器として「二十六年式拳銃」と「三十年式銃剣」を装備した。

大正15年改正の「軽機関銃分隊」。分隊長以下８名の編成に改編されており、「射手」の右側には「二十六年式拳銃」を構えた「第一弾薬手」がおり、左側には「弾匣」より弾薬を取り出して再装填準備を行なっている「第二弾薬手」が見られる。また「射手」後方には拳銃を構えた「分隊長」が見られる

「射手」は、「軽機関銃」と手入具を収めた「手入具嚢」を携行するほか、自衛兵器として「二十六年式拳銃」と「三十年式銃剣」を装備した。

「第一弾薬手」は、麻布製「弾薬盒」二個（百二十発）と、「弾匣」一個（百二十発）の合計二百四十発の弾薬を携行するほか、自衛兵器として「二十六年式拳銃」と「三十年式銃剣」を装備した。

「第二弾薬手」「第三弾薬手」「第四弾薬手」は、麻布製「弾薬盒」一個（六十発）と「弾匣嚢」で包括した「弾匣」一個（百二十発）の合計百八十発の弾薬を携行するが、「弾薬盒」中の六十発の弾薬のうちの四十五発は小銃用の自衛用弾薬兼予備弾薬であり、「軽機関銃」専用の補充弾薬は携帯する百八十発中の百三十五発であった。

また、自衛兵器として「三八式歩兵銃」と「三十年式銃剣」を装備した。

「第五弾薬手」「第六弾薬手」は、麻布製「弾薬盒」二個（百二十発）と「背嚢」内に六十発の弾薬を収納するほかに、「弾匣嚢」を携帯するほか、自衛兵器として「三八式歩兵銃」と「三十年式銃剣」を装備した。

戦闘に際して「第五弾薬手」と「第

前掲写真の「第二弾薬手」の拡大写真。「弾匣」より取り出した「挿弾子」３個分である15発の弾薬を右手に持って再装填の準備をしている。「装填架」に対する再装填は15発ずつ２回の給弾で行なわれる

六弾薬手」は、二個の「弾薬盒」の弾薬百二十発と「背嚢」内の六十発の弾薬のうち三十発の合計百五十発を、空の「弾匣嚢」内に収めるとともに、「背嚢」内の六十発の弾薬のうち三十発を自衛弾薬兼予備弾薬として「雑嚢」内に収める。「弾匣嚢」内に収めた弾薬は「第一弾薬手」～「第四弾薬手」への弾薬補充に充てられ、その後は「大隊」隷下の弾薬補給部門である「大隊小行李」が戦場近傍に適宜に設置する「弾薬交付所」と銃側間の弾薬輸送に従事した。

　このほかに戦闘時にはあらかじめ、「第五弾薬手」「第六弾薬手」が携帯する二個の「弾匣嚢」内部に各百五十発宛の弾薬を収納することで合計三百発の増加弾薬を携帯することが可能であった。

模造軽機関銃

「十一年式軽機関銃」が未配備ないし定数に満ちていない部隊では、部隊単位で木やブリキ・針金等で実銃を模した「模造軽機関銃」を適宜に製作して、実銃が配備された場合に備えての部隊訓練が行なわれた。

内地の訓練で用いられる「模造軽機関銃」

歩兵軽機関銃分隊編制　大正12年

		分隊長	射手	第一弾薬手	第二弾薬手	第三弾薬手	第四弾薬手	合計
十一年式軽機関銃			1					1
二十六年式拳銃		1	1	1				3
三八式歩兵銃					1	1	1	3
三十年式銃剣		1	1	1	1	1	1	8
十一年式軽機関銃	弾薬盒	2		2	2	2	2	10
	弾匣			1	1	1	1	4
	弾匣嚢			1	1	1	1	4
	手入具嚢		1					1
	属品嚢	1						1
	実包	120		240	240	240	240	1080
拳銃実包		32	32	32				96

歩兵軽機関銃分隊兵器携帯区分　大正15年

		分隊長	射手	第一弾薬手	第二弾薬手	第三弾薬手	第四弾薬手	第五弾薬手	第六弾薬手	合計
十一年式軽機関銃			1							1
二十六年式拳銃		1	1	1						3
三八式歩兵銃					1	1	1	1	1	5
三十年式銃剣		1	1	1	1	1	1	1	1	8
十一年式軽機関銃	弾薬盒	2		2	1	1	1	2	2	11
	弾匣			1	1	1	1			4
	弾匣嚢							1	1	2
	手入具嚢		1							1
	属品嚢	1								1
	実包	120		240	135	135	135	180	180	1125
拳銃実包		32	32	32						96

第12話

手榴弾 1

「北軍」が使用した「ケチューム手榴弾」等、手榴弾の沿革を紹介したうえで、「急造手榴弾」、「著発信管」を装備した「制式手榴弾」等の日露戦争にて使用された各種手榴弾を取り上げていく！

手榴弾の嚆矢

「手榴弾」の歴史は古く、火薬の開発と同時に十五世紀には欧州では粘土ないし鋳鉄製の弾体内に黒色火薬を収めて点火用の「導火線」を差し込んだ手榴弾が用いられていた。

十六〜十七世紀になると、歩兵戦闘の直接支援部隊として戦場で「手榴弾」を専門に扱う「擲弾兵」が登場する。

この「擲弾兵」に一例をあげれば、「フランス軍」では一六六七年の時点で「歩兵聯隊」隷下の各「歩兵中隊」に四名宛の「擲弾兵」を配備しており、各「擲弾兵」は十発の「手榴弾」を装備していた。

「擲弾兵」は「中隊長」の指揮下で突撃支援を行なったほか、撤退線や激戦時には各中隊の「擲弾兵」を集成して「聯隊長」の直轄指揮を受ける「擲弾隊」を編成した。

十八世紀後半になると、「榴弾」を用いる砲兵の普及にともない、「手榴弾」はしばらくのあいだ戦場より姿を潜めている。

ケチューム手榴弾

近代手榴弾の嚆矢は「南北戦争」で「北軍」が使用した「ケチューム手榴弾」である。

この「ケチューム手榴弾」は一八六一年にニューヨーク在住の「イリアム・ケチューム」が特許を取得して「北軍」で使用された手榴弾であり、黒色火薬を充填した流線型の鋳鉄製の弾体の頭部には「雷管」に連結した撃針により作動する「著発《ちゃくはつ》信管（「瞬発信管・着発信管」の陸軍呼称）」が設置されており、尾部には投擲時の弾道の安定用として十文字タイプの「羽根」ないし布製の「尾」が付けられており、投擲に際しては信管に通じる針金製の「安全栓」を抜いて投擲した。

「ケチューム手榴弾」には装薬量により「一ポンド（四百五十四グラム）」

「三ポンド（千三百六十二グラム）」「五ポンド（二千二百七十グラム）」の三種類があり、野戦用には投擲が可能な「一封《ポンド》ケチューム手榴弾」が用いられ、陣地防御用には高所より投げ下ろすタイプの「三封ケチューム手榴弾」「五封ケチューム手榴弾」が多用された。「一封ケチューム手榴弾」は幕末には日本にも輸入されており、「戊辰戦争」等で「爆裂弾」「爆弾」などの呼称で少量が使用されている。

　なお日本でも江戸期には、「手擲榴《しゆてきりゆ》弾《うだん》（HandGranuat《ハンドガラナート》）」等の訳称で「手榴弾」の存在は書籍により伝えられていたほか、一部の「藩兵」では翻訳書籍を基として模倣生産と装備が行なわれていた。

日露戦争と手榴弾

「日露戦争」での「旅順攻囲戦」では、彼我間の攻防戦において本格的に「手榴弾」が使用された。

「ロシア軍」は開戦時より要塞防御用の制式兵器として、引抜式の「曳火信管」を備えた直径約十センチ、重量約千二百グラムの鋳鉄製の球形手榴弾を装備していたほか、開戦後は旅順港内で「薬莢」「空缶」利用の「急造手榴弾」を多数製造している。

「日本陸軍」も「ロシア軍」の手榴弾に対抗して、現地にある素材である「現地材料」を利用して多種多様の「急造手榴弾」を作製して戦場に投入している。

　以下に「日露戦争」で用いられた「急造手榴弾」を紹介する。

急造手榴弾

「第三軍」が「野戦兵器廠」で作成した「急造手榴弾」には、当初は「野砲弾」に英国より輸入した「ビックホール導火索（「導火索」は「導火線」の陸軍呼称）」を差し込んだものや、「薬莢」「空缶」「竹筒」に火薬を詰めた物が主流であった。

　後に「急造手榴弾」は工兵用の「爆破薬」を投擲用に転用したものや、六角形に成形したブリキ筒に火薬を詰めた物など多種多様のタイプが製造された。

　これら「急造手榴弾」への点火は「導火索」へ「マッチ」「火縄」による点火が行なわれたが、野戦では風や湿気により点火が難しいために「煙草」

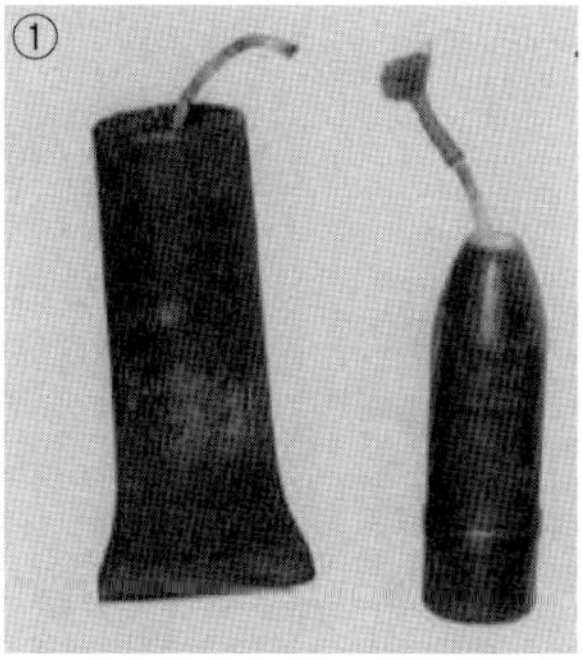

①「旅順攻囲戦」での「急造手榴弾」の一例。左は「三一式速射砲」の「薬莢」を12センチの長さに切断して内部に爆薬を詰めた「急造手榴弾」。右は砲弾の信管部に点火用「導火索」を付けた「急造手榴弾」

②「旅順攻囲戦」での「急造手榴弾」の一例。左は砲弾利用の「急造手榴弾」。右は六角形に形成したブリキ板の内部に爆薬を詰めて点火用「導火索」を付けた「急造手榴弾」

による点火が多用された。

手擲爆薬

前掲の「急造手榴弾」より端を発して、「第三軍」で量産された手榴弾に「手擲爆薬《しゅてきばくやく》」がある。

この「手擲爆薬」はブリキ板を円筒形に形成した中に、爆薬として粉末状の「黄色薬」ないし「綿火薬」を入れて、円筒の上下を木栓で閉塞したものであった。

筒は直径五十ミリであり、筒の全長は「大」と「小」の二サイズがあり「大」は全長二十センチ、「小」は全長十五センチであった。

点火具は上部木栓に穿けられた穴に差し込まれた「ビックホール導火索」に点火することにより行なわれ、起爆剤として「英国製三号雷管」一二個が導火索の末端に装着されていた。

「導火索」の端には確実な点火を行なうために、「火薬紙」と呼ばれる黒色火薬を挟んだ紙片を銅線で固定してあり、さらに防湿のために「火薬紙」を「錫紙」と呼ばれる錫箔で包括した。

点火に際しては、導火索端の「錫紙」を取り除いてからマッチや煙草等で「火薬紙」に点火して投擲する。

「ビックホール導火索」の燃焼速度は毎秒一センチであり、導火索の長さは七センチ（七秒）前後が基準とされて

手擲爆薬緒元

	黄色薬	重 量
手擲爆薬大	450グラム	550グラム
手擲爆薬小	270グラム	350グラム
	綿火薬	重 量
手擲爆薬大	200グラム	300グラム
手擲爆薬小	100グラム	180グラム

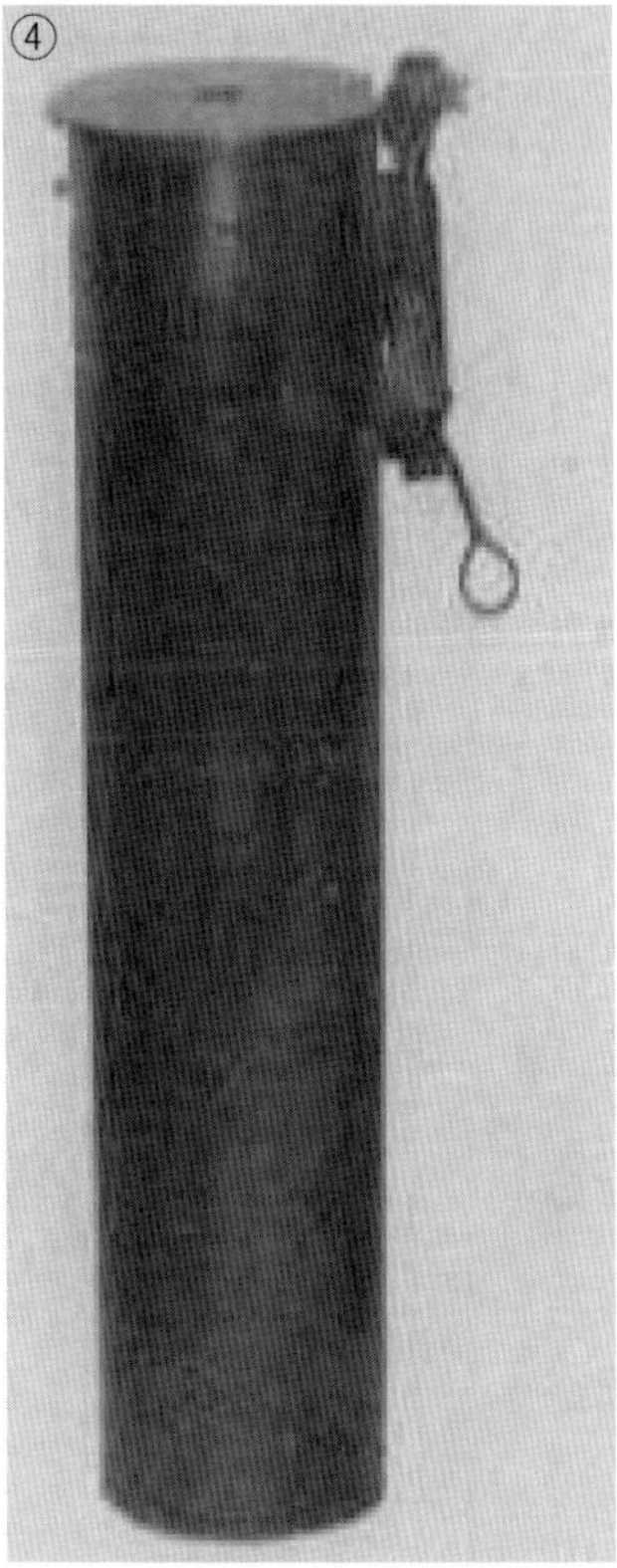

③「旅順攻囲戦」での「急造手榴弾」の一例。「工兵用爆破薬」に「導火索」を付けた「急造手榴弾」

④「旅順攻囲戦」での「急造手榴弾」の一例。「砲弾薬莢」を利用した「急造手榴弾」で「マッチ」を利用した引抜式の「簡易点火具」が付けられている

おり、投擲距離は最大三十五メートルが限度とされていた。

この「手擲爆薬」は、要塞攻略戦の「旅順攻囲戦」のほかに、野戦である「奉天会戦」でも用いられている。
P.84表に「黄色薬」と「綿火薬」を充填した「手擲爆薬大」「手擲爆薬小」のスペックを示す。
「黄色薬」を充填した「手擲爆薬」は、破壊力が大きいものの重量面より投擲に制限があり、拠点攻撃時の爆薬代替としての使用や防御戦闘で多用されている。

また、威力に劣るものの軽量で長い投擲距離が得られる「綿火薬」を充填した「手擲爆薬」は、攻撃用手榴弾として広く野戦で用いられた。

「手擲爆薬」の運用は、明治三十七年末期の時点で各「歩兵大隊」宛に四十発の「手擲爆薬」が配備されており、投擲専門の和製擲弾兵である「手擲爆薬手」二十名が投擲の任に当たった。「手擲爆薬手」は通称「手投爆弾手《てなげばくだんしゅ》」と呼ばれ、個人装備の「小銃」「銃剣」と併せて「手擲爆薬」二発と鉄条網切断用の「鉄線鋏」一個を携帯した。「手擲爆薬」二発は「雑嚢」に収めて、「鉄線鋏」は腰の「帯革（ベルト）」に差し込んで携帯した。

マルチンハル手榴弾

「日露戦争」では輸入手榴弾である「マルチンハル手榴弾」も使用された。

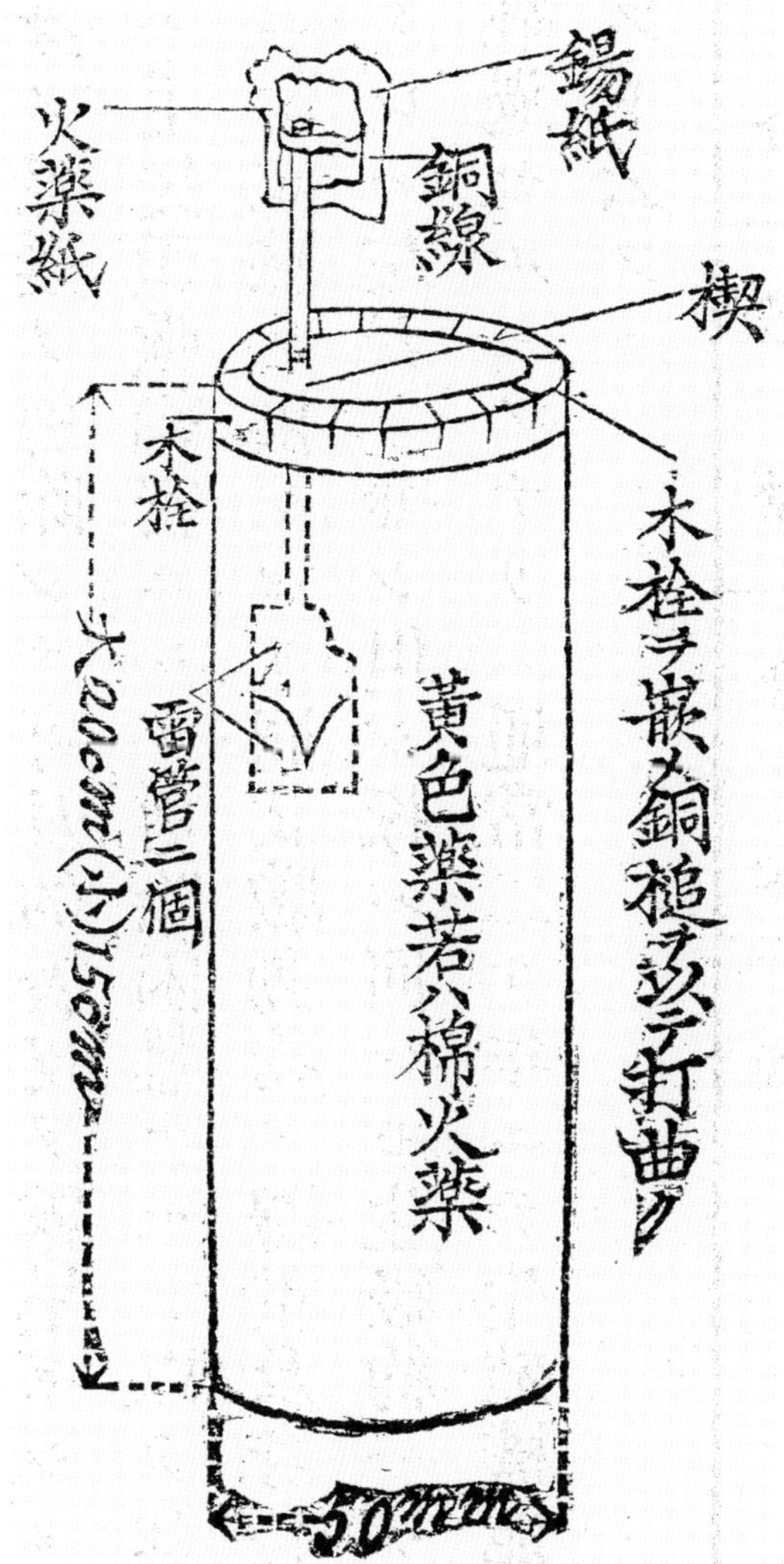

「手擲爆薬」。「第三軍」が量産したタイプでありサイズの大小と火薬の種類により4つのタイプが存在した

「マルチンハル手榴弾」は英国人「マルチンハル」が発明した手榴弾であり、後に英国陸軍初の制式手榴弾である「一号手榴弾」の原型となるタイプであった。

「マルチンハル手榴弾」は、「火薬」を詰めた「弾体」と投擲用の木製の「柄」より構成されており、「弾体」頭部には着発式信管である「ハル著発信管」があり中央部には破片効果を目的とした亀裂付弾帯が付けられている。

この英国より輸入された「マルチンハル手榴弾」は明治三十八年三月の「奉天会戦」で使用された。

・マルチンハル手榴弾緒元

重　量：六二二グラム

直　径：四五ミリ

全　長：四〇〇ミリ

炸薬種：黄色薬

炸薬量：一五〇グラム

信　管：ヘイル著発信管

「奉天会戦」で用いられた「マルチンハル手榴弾」の携帯状況。和製擲弾兵である「手擲爆薬手」が「革帯（ベルト）」を利用して後ろ腰部分に挟み込んで携帯している

砲兵工廠試作手榴弾

「旅順攻囲戦」勃発直後より「陸軍砲兵工廠」では、急造ではなく導火索に点火する必要のない「著発信管（瞬発信管）」を装備した陸軍の制式手榴弾の開発を開始していした。

この「急造手榴弾」ではなく「著発信管」を装備した「制式手榴弾」の必要性の一例を示せば、「旅順攻囲戦」の「第三次総攻撃」に参戦した「工兵第十一大隊」の「副官」である「高田精一中尉」が十一月二十八日付の「大隊攻城日誌」に『……著發式爆薬ノ缺乏否皆無ナリシハ失敗ノ一原因ナリ。敵ノ彈雨下、敵ノ手榴彈四周ニ飛來スル瞬間ニ於テ火繩ヲ以テ適當ナル時期ニ導火索ニ點火シテ投スルハスコフル困難テアル。辛ウシテ點火投擲シテモ、爆發マテニ多少ノ時間ヲ有スルヲ以テ敵ハ之ヲ避ケルヲ得ヘシ。或ハ却ッテ敵ヨリ投ケ返サルルコトアリ。然ルニ敵ハ著發式採用シ、我ハ此ノ爲ニ莫大ナル被害ヲ蒙レリ。要塞戰ノミナラズ、野戰ニ於イテモ手榴彈ハ必要缺クヘカラザルモノデアロウ……』と記している。

この試作手榴弾は「砲兵工廠試作手榴弾」の名称が付与されて明治三十八年の「奉天会戦」で少量が実戦投入されている。

「砲兵工廠試作手榴弾」は、炸薬である黄色薬を収めた鋳鉄製の「弾体」と、投擲と投擲後の弾道安定用の布製の「尾」より構成されており「弾体」頭部には安全栓が付いた瞬発式の「著発信管」が付いていた。

「砲兵工廠試作手榴弾」は、「弾体」の形状が「壺」に酷似していることから、「壺型手榴弾」の通称で呼ばれた。

この「砲兵工廠試作手榴弾」は小改良の後に、明治四十年に「手榴弾」の名称で陸軍の制式兵器として採用されている。

手榴弾❷

明治四十年制定及び大正七年制定の手榴弾、そして急造手榴弾等を取り上げつつ、手榴弾の用法も解説していく！

第13話

手榴弾（明治四十年制定）

日露戦争で少数が使用された「砲兵工廠試作手榴弾」は、小改良の後に明治四十年三月十二日に「手榴弾」の名称で制式採用された。この「手榴弾」は陸軍初の制式手榴弾であり、名称に「●●年式」という制定年代を冠することはなく「手榴弾」が制式名称であった。

「手榴弾」は「弾体」と「弾尾」より構成されており、「弾体」は鋳鉄製で炸薬として三十グラムの「黄色薬」が収められており頭部には「著発信管」が設置されている。

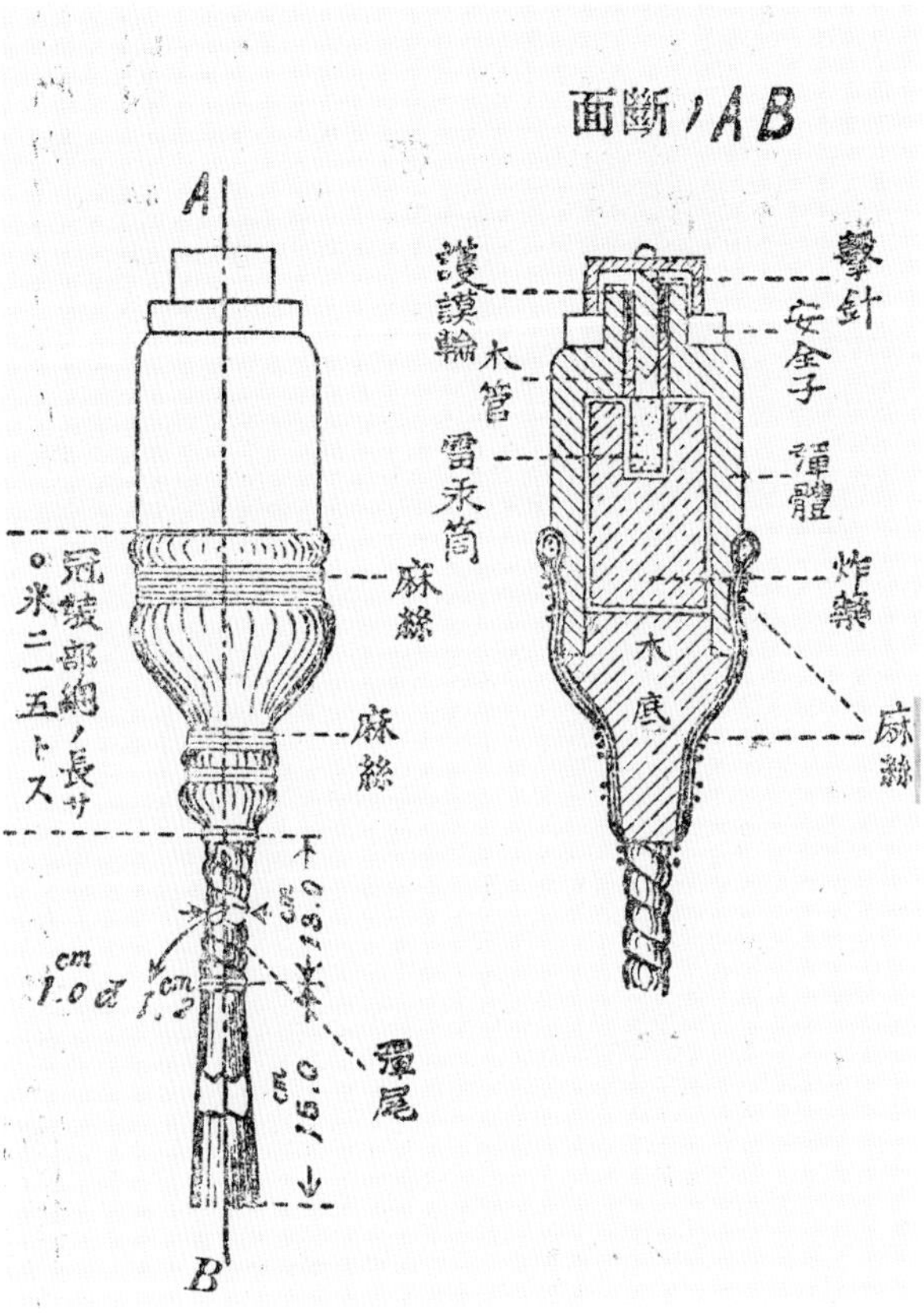

明治四十年制定の「手榴弾」

「弾尾」は、「弾体」底部にある木製の「木底」により接続された投擲時の弾道安定と投擲者の握りとなる木綿布である。

「著発信管」は「安全子」を外した後に誤動作で爆発がおきないように、「ゴム筒」製の保護装置が設けられており、「雷汞」を「二十六年式拳銃」の薬莢に収めた起爆剤が「雷汞筒」に納められている。

「手榴弾」は四十発入の「弾薬箱」に収められており、携帯には「雑嚢」に収めるか「革帯」に差し込んで携帯する。

後の大正三年五月十八日の「陸普第一四七一号」で、より確実な著発を行なうために「著発信管」の撃身を円錐形の形状にする小改正がなされる。

・手榴弾諸元（明治四十年制定）

重　量：約五〇〇グラム

炸　薬：黄色薬

炸薬量：約三〇グラム

信　管：著発信管

威力半径：約三メートル

手榴弾の投擲方法

信管頭部が地面に接地すると作動する「著発信管」を装備した「手榴弾」は、投擲に際して確実に信管頭部を地面に激突させないと信管部が作動しないために、投擲法の訓練にも重点が置かれていた。

投擲姿勢は、立った状態で投擲を行なう「立姿投《たちなげ》」と、立膝で投げる「膝姿投《ひざなげ》」と伏せた状態で投げる「伏姿投《ねなげ》」の三種類があった。

投擲に際しては、「著発信管」に付いているブリキ製の「安全子」を外したのちに、「弾尾」を右手で握って、大きく手を振りかざして一回逆回転さ

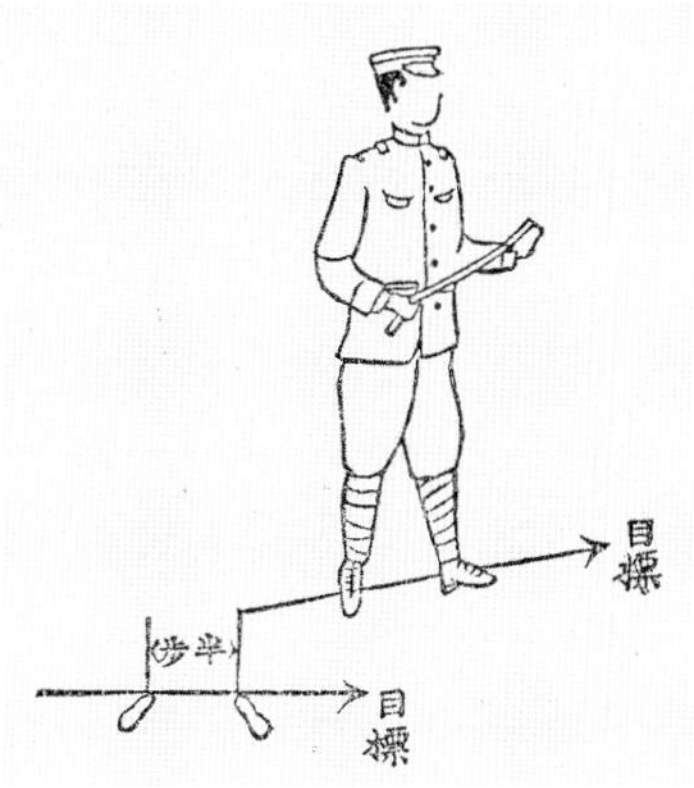

「立姿投」の際の「手榴弾」の保持姿勢

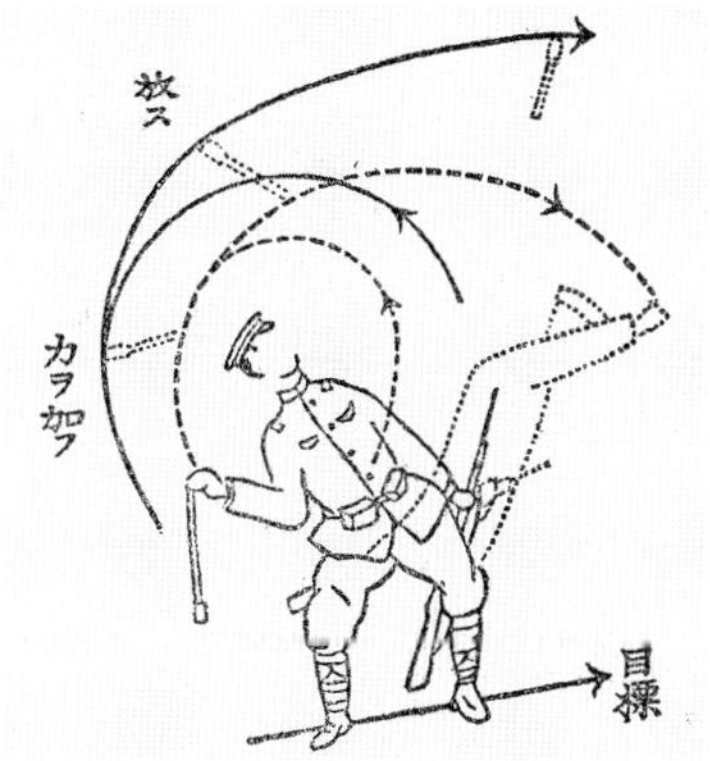

「立姿投」の際の「手榴弾」の投擲姿勢。「弾体」頭部にある「著発信管」の頭部が直接地面に激突するように投擲する必要があることから、大角度での投擲が必要であった

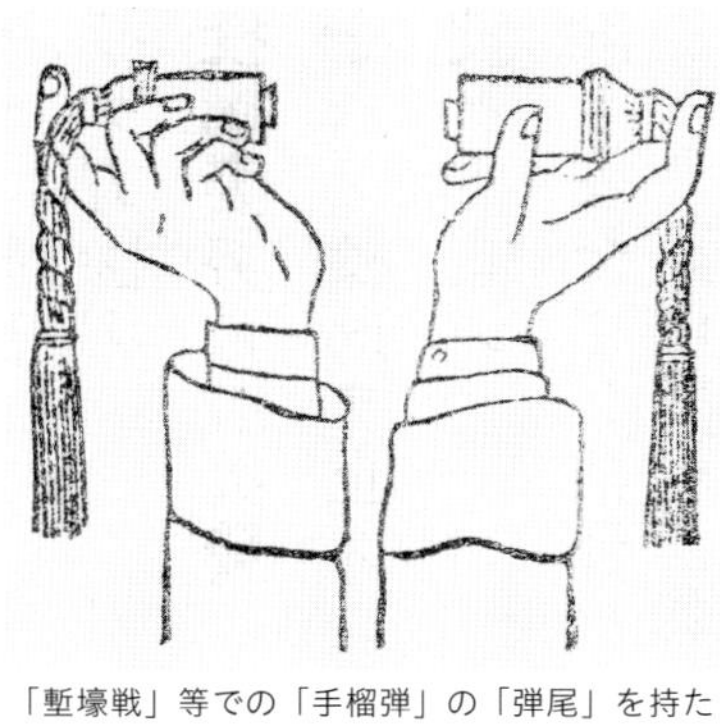
「塹壕戦」等での「手榴弾」の「弾尾」を持たずに、「弾体」を直接握って投擲する方法

せてから遠心力を利用して上から放り投げるようにして投擲する。

また塹壕戦や近接戦での投擲の場合は、「弾体を持ち投擲する方法」として「弾尾」を握らないで「弾体」を直接に右手でつかんで投げつける方法の教育も行なわれた。

演習用手榴弾

また「手榴弾」の制定と併せて、投擲訓練用の「演習用手榴弾」が制定されている。

この「演習用手榴弾」は、「弾体」内に炸薬はなく、「著発信管」の頭部を的確に地面に当てるための確実な投擲を訓練するものであり、著発による音響発生のために「信管」内部に少量の黒色火薬が詰められている。

手榴弾（大正七年制定）

大正七年三月二十三日の「陸普第八五七号」で「手榴弾」は三度目の改正を受けている。

この改正では、大正三年の「青島出兵」の戦訓と後の研究成果を元にして、「著発信管」の「撃針」の改良とともに、投擲後の弾道安定のために「弾尾」が従来の「木綿布」より「棕櫚紐」ないし「藁紐」へと変更されている。

この改正された「手榴弾」の初陣は、「シベリア出兵」時の大正七年八月二十二日の「クラエフスキー付近の戦闘」で「第十二師団」隷下の「歩兵第二十四聯隊（聯隊長「稲垣清大佐」）」が対パルチザン戦で使用したのが最初である。

また大正八年になると「シベリア出兵」での「歩兵第五十一聯隊」が「陸軍歩兵学校特殊兵器審査委員会」に送付した戦訓を元として、同年九月二十七日の「陸普第三六六九号」により手榴弾は改正されている。

この改正はシベリアの寒気により「著発信管」の「撃針」を抑えている「ゴム筒」が凍結してしまうために「ゴム管」を「バネ」にする等の改良が行なわれたほか、「著発信管」の頭部の接地面を拡大して「著発率」を向上させている。

また、「弾薬箱」に収納時に「弾尾」の畳み方が硬すぎることから「弾尾」が変形して投擲時の弾道に影響を及ぼすため、「弾尾」の畳み方が改正された。

・手榴弾諸元（大正七年制定）
重　量：約五〇〇グラム
炸　薬：黄色薬
炸薬量：約三〇グラム
信　管：著発信管
威力半径：約五メートル

手榴弾（大正九年制定）

大正九年三月の「陸普第一二六九号」で制定された「手榴弾」であり、「シベリア出兵」の戦訓を基として、従来の手榴弾の「弾体」に破片効果用の溝が設けられている。

・手榴弾諸元（大正九年制定）
全　長：四三五ミリ
弾尾長：三一〇ミリ

直　径：四九ミリ
炸薬茶：褐色薬
炸薬量：六五グラム

急造手榴弾

大正七年になると、戦時に戦場での現地生産を行なうために予め制式図を定めた陸軍制式の「急造手榴弾」が制定される。

この「急造手榴弾」は投擲を顧慮して重量は五百グラム前後とされて、「導火索」に点火する「急造曳火手榴弾」と「著発信管」を装備した「急造著発手榴弾」の二種類があった。

「弾体」にはブリキ板が主体で、爆薬は威力の高い「黄色薬」の使用が推奨されていたほか、破片効果を向上させる目的で古釘や鉄線の断裁片を「弾子」代用として用いることが推奨されていた。

急造曳火手榴弾

「急造曳火手榴弾」は直径七センチ前後のブリキ筒内部に爆破用の「円形黄色薬」三本（合計三百グラム）と破片効果用の「弾子」を収めて、筒の上下を閉鎖したものであり、点火には「円形黄色薬」のうち一本に取り付けた「導火索」により点火する。

点火用の「導火索」は毎秒一センチの燃焼速度の「緩燃導火索」が用いられ、投擲後の敵からの投げ返しを防ぐために十センチ以下の長さが奨励されていた。

急造著発手榴弾

「急造著発手榴弾」は、「日露戦争」で英国より輸入した「マルチンハル手榴弾」を簡易模倣した手榴弾であり、「爆薬」を収めたブリキ筒製の「弾体」頭部には、「弾帽」と呼ばれる回転式の安全装置が設けられたカバーが被せられており、内部には爆破用「雷管」「バネ」「撃針」よりなる「著発信管」が設けられているほか、「弾体」側面には破片効果用の刻みを付けた「鉛帯」が取り付けられている。

「弾体」底部には、木製の「木底」があり投擲用の「布片」ないし「藁紐」

「演習用手榴弾」を用いての「手榴弾」の投擲訓練状況。手前より３名が「立姿投」、続く３名が立膝で投げる「膝姿投」を行なっている

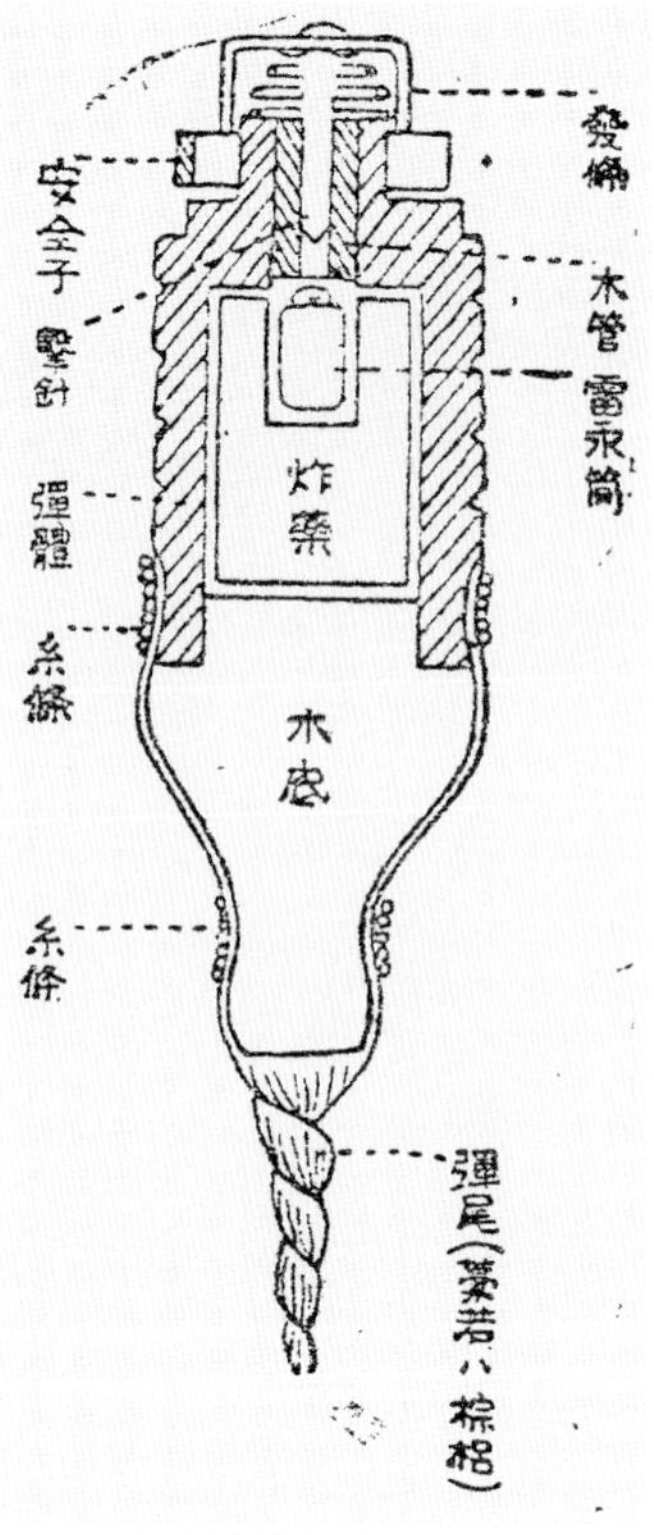

大正九年制定の「手榴弾」

の「弾尾」が付けられている。

　投擲に際しては「弾体」頭部の「弾帽」の切れ込みを「安全位置」より「発火位置」に回転させてから「弾尾」を握って投擲する。

手榴弾の用法

　大正七年の時点で「陸軍歩兵学校研究部」は野戦での使用法のほかに、「欧州大戦」の戦訓を元として「塹壕戦」での「手榴弾」を用いて塹壕攻略を行なう「塹壕内戦闘班」の方法と、防御での「手榴弾」の「応用使用法」を研究している。

塹壕内戦闘班の運用方法

　「欧州大戦」での戦訓により「陸軍歩兵学校」では、「塹壕戦」での攻勢に際して考案された仏軍の歩兵小隊規模の「戦闘群戦法」をベースとして、戦時に際しての各「歩兵中隊」隷下に複数の「塹壕内戦闘班」を編成して敵陣地を攻略する構想の教育が行なわれていた。

　この構想の基幹となった仏軍の「戦闘群戦法」は四個分隊から編成される「歩兵小隊」を基幹として、火力支援に任ずる「軽機関銃」一挺を装備する「軽機関銃分隊」と手榴弾の投擲により敵を排除する「擲弾分隊」よりなる「半小隊」と、銃剣による白兵が主体となる突入部隊である二個「小銃分隊」よりなる「半小隊」をベースとして塹壕攻略戦闘を行なう戦闘法であった。

　日本の「塹壕内戦闘班」は、下士官を「班長」として「投擲手」二名、「銃手」二名、「給弾手」三名、「送弾手」四名の合計十二名を標準編制とした。

　戦闘に際して「班長」の命令で塹壕内に残る敵兵に対して「投擲手」は手榴弾を投擲して、手榴弾の爆発に合わせて「銃手」は敵兵に突入して銃剣と射撃により敵を殲滅するルーチンを繰り返して塹壕を攻略する戦法であり、「給弾手」は常時に「投擲手」の後方で「手榴弾」の補給と側面・後方警戒を行ない、「送弾手」は後方より「給弾手」への弾薬補充を行なったほかに、戦闘で班員に欠員が出た場合の予備要員を兼任した。

「塹壕内戦闘班」の班員は「欧州大戦」での戦訓より白兵戦での優位に立つために、欧州での棍棒・ナイフ・斧等を適宜に装備していた情報から、日本でも制式の「小銃」「銃剣」のほかに私物の「日本刀」「脇差」や「鎌」「玄能」「千枚通」等の携帯が奨励された。

手榴弾の応用使用法

防御での「手榴弾」の応用使用法としては現在の『ブービートラップ』と同一であり、陣地前方の敵の通過予想地点に「手榴弾」を設置するほか、地雷の代用として使用する方法も考案されている。

敵の通過予想地点に「手榴弾」を設置する場合は、陣地前面に植立した杭に罠線を仕掛けた「手榴弾」を設置して、通過する敵兵を爆砕する方法がとられた。

また、地雷の代用として用いる場合は、地面に「手榴弾」の著発信管を上面にして埋め込んで、その上に土砂や草木で偽装した板を敷いて敵に踏ませる方法がとられた。

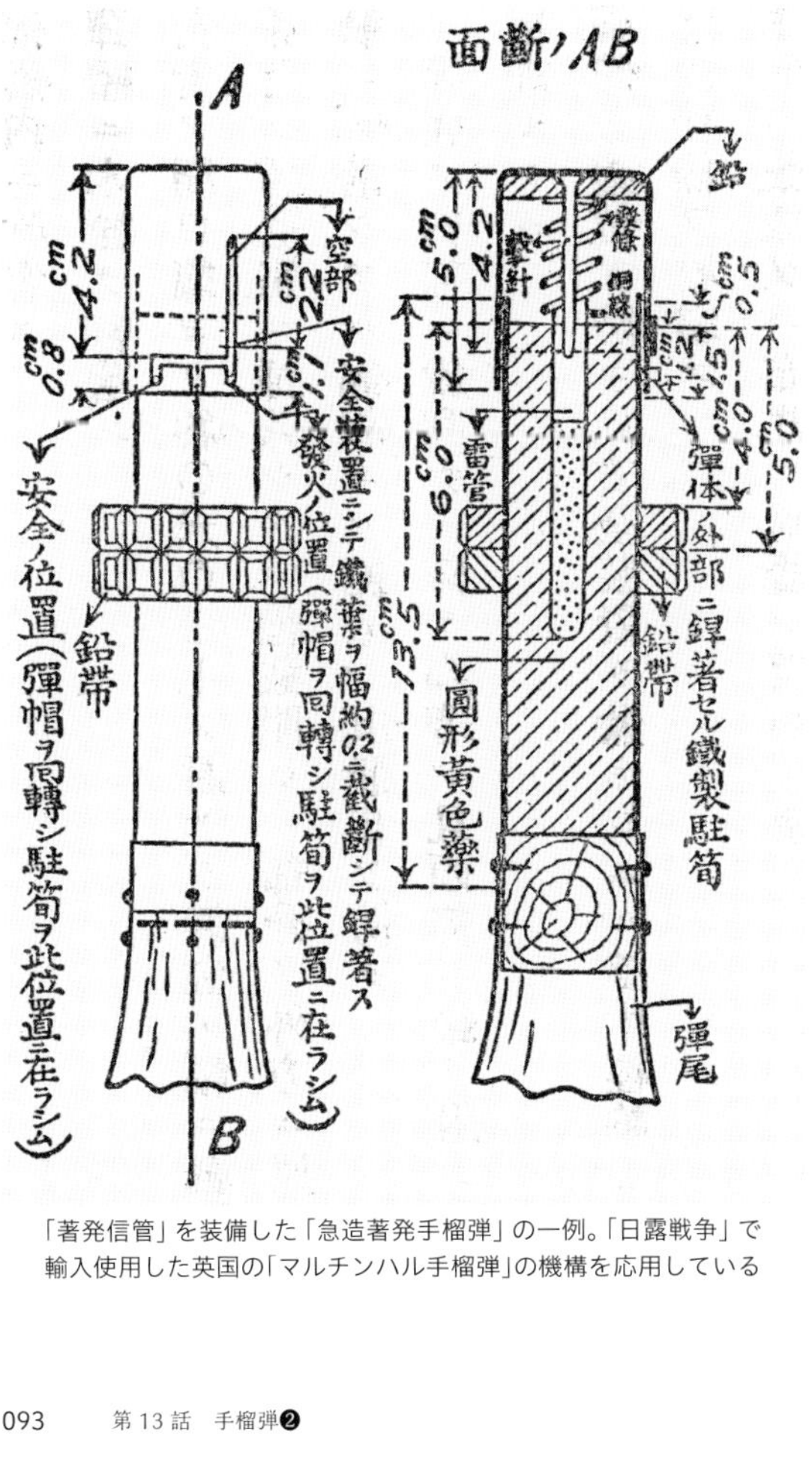

「著発信管」を装備した「急造著発手榴弾」の一例。「日露戦争」で輸入使用した英国の「マルチンハル手榴弾」の機構を応用している

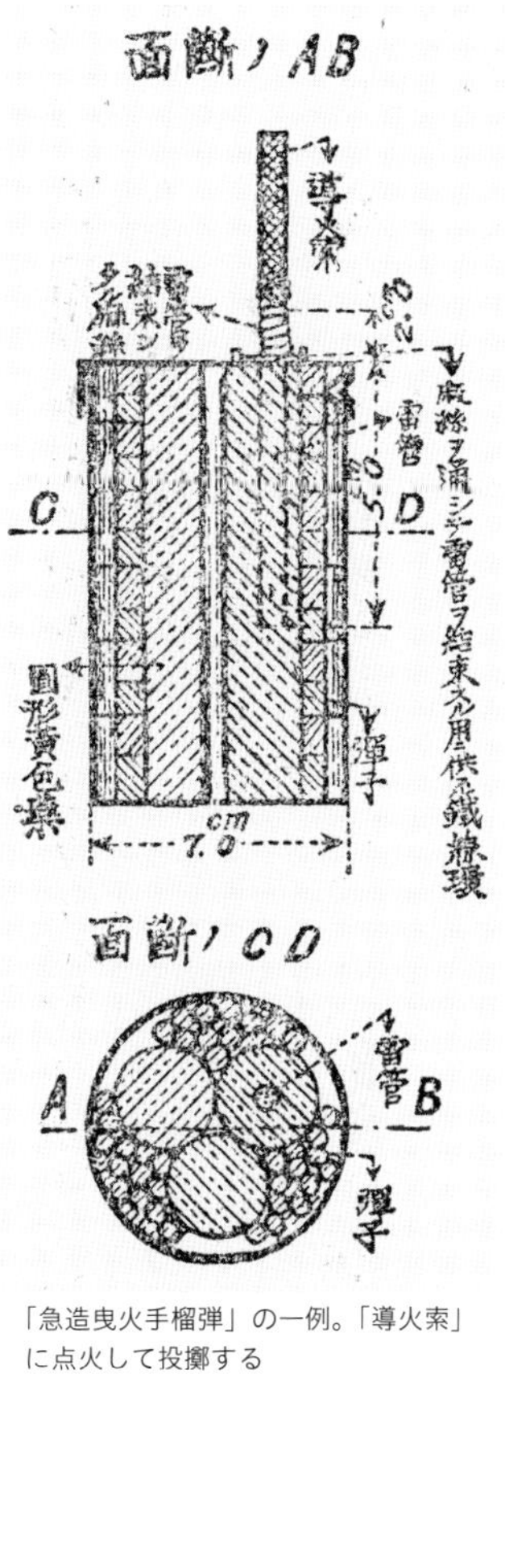

「急造曳火手榴弾」の一例。「導火索」に点火して投擲する

第14話

擲弾銃と擲弾筒①

「手榴弾」に続き、「欧州大戦」初期に用いられた小銃擲弾である「マルチンハル小銃擲弾」や、本邦初の「擲弾銃」である「甲号擲弾銃」を紹介していく！

擲弾銃

火薬の出現と同時に「手榴弾」が自然発生的に出現した史実と同じく、火薬を利用する小銃の発達に併せて、長射程の火砲と手で投擲する「手榴弾」との間を補う支援火器として、小銃で「擲弾」を発射する「擲弾銃」が十七世紀になると出現する。

この「小銃擲弾」は「手榴弾」と同じく、火砲の発達により十九世紀になるまでの期間、戦場から姿を消している。

以下に「欧州大戦」初期に用いられた小銃擲弾である「マルチンハル小銃擲弾」「独国一九一三年式小銃擲弾」「ブビアンベシュール小銃擲弾」を列記する。

マルチンハル小銃擲弾

近代戦に出現した本格的な「擲弾銃」は、一九〇五年に英国で「マルチンハル」が特許を取得した「マルチンハル小銃擲弾」であった。

「マルチンハル小銃擲弾」は「マルチンハル手榴弾」の弾体底部に柄を付けた「擲弾」であり、擲弾の弾体底部に付属している「柄」を制式小銃の銃口に挿入して、空包で発射するシステムであった。

この「マルチンハル小銃擲弾」は、一九〇九年から一九一〇年にかけての「モロッコ動乱」で「スペイン軍」が使用したのが最初であった。

「欧州大戦」勃発後の一九一五年二月、英国陸軍は「マルチンハル」に特許料を支払い「マルチンハル小銃擲弾」をベースとした「J型小銃擲弾」を開発して戦場に投入している。

独国一九一三年式小銃擲弾

ドイツ陸軍は、一九〇五年に「マルチンハル小銃擲弾」を購入して小銃擲弾の研究を開始しており、ドイツ軍の基幹小銃である「独国一八九七年式小銃」で射撃可能な「マルチンハル模造小銃擲弾」を開発している。

一九一三年になると、ドイツ陸軍は「マルチンハル模造小銃擲弾」を元にした「独国一九一三年式小銃擲弾」を開発している。なお、塹壕戦で安定した擲弾射撃を行なうため、小銃設置用の木製「簡易擲弾発射托架」が多用されている。

　また、欧州大戦勃発後にはこの「独国一九一三年式小銃擲弾」の信管部分を改良した「独国一九一四年式小銃擲弾」が使用されている。

ドイツ軍が「マルチンハル小銃擲弾」を元に製造した「マルチンハル模造小銃擲弾」。射撃精度向上のため木製「簡易擲弾発射托架」にセットされている

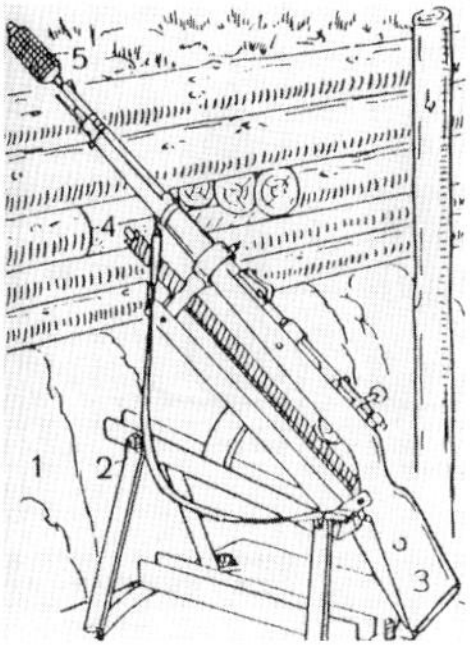

ドイツ軍が「マルチンハル模造小銃擲弾」をベースに1913年に開発された「独国一九一三年式小銃擲弾」。木製「簡易擲弾発射托架」にセットされている

仏国ブビアンベシュール小銃擲弾

「ブビアンベシュール（Viven Bessières）小銃擲弾」は、一九一六年にフランス陸軍が制式制定した小銃擲弾である。

　この「ブビアンベシュール小銃擲弾」は、小銃の銃口にコップ型の「擲弾器」を取り付けて専用擲弾を発射するシステムであるが、最大の特徴は空包ではなく実包での発射が可能な点であった。

甲号擲弾銃

日本では「日露戦争」直後より「陸軍技術審査部」において「小銃擲弾」の開発が始められている。

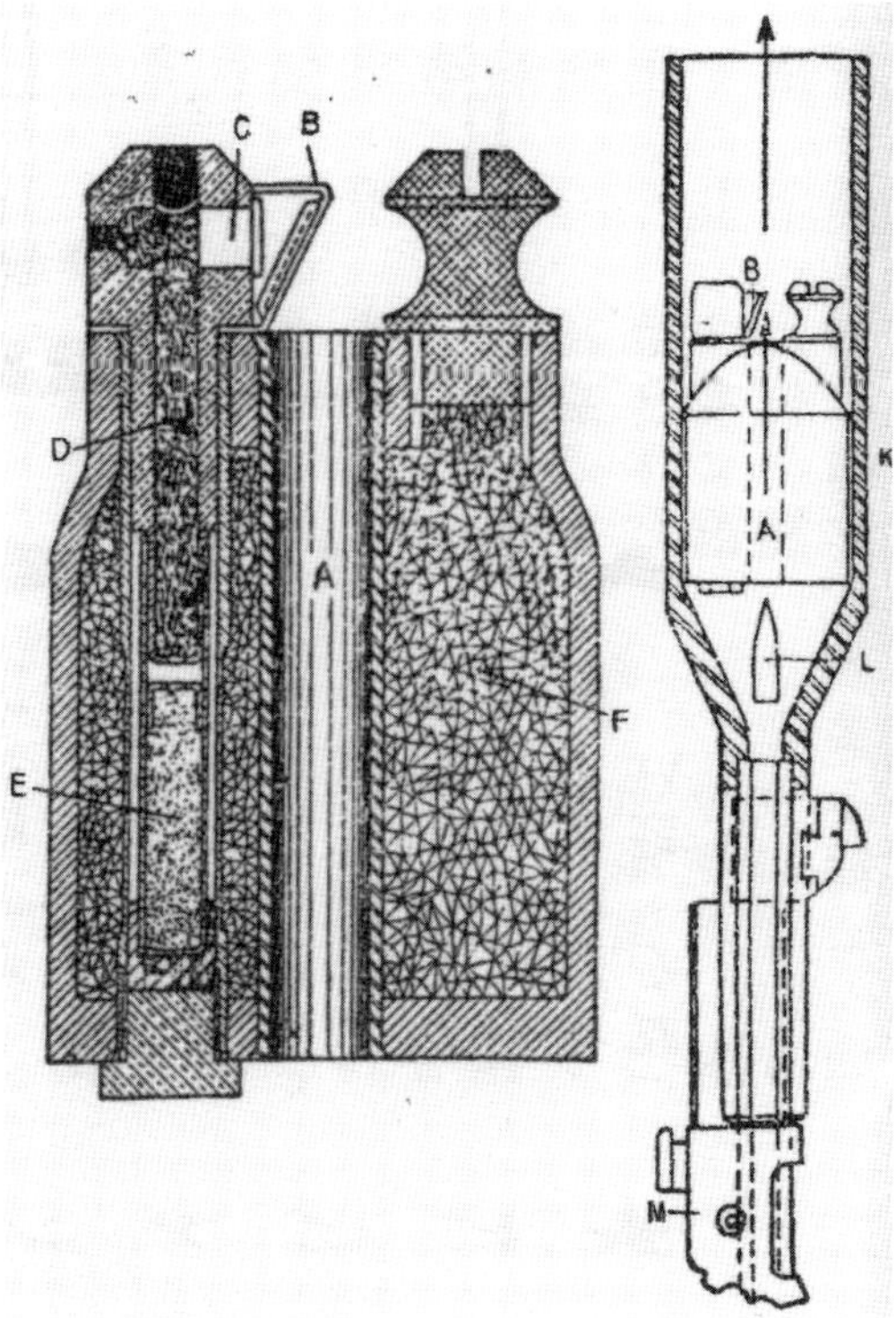

フランス軍の「ブビアンベシュール（Viven Bessières）小銃擲弾」。小銃の銃口にセットしたコップ型の「擲弾器」に専用榴弾を装填し、「空包」ではなく「実包」を用いて発射する

当初は陸軍の基幹小銃である「三十年式歩兵銃」ないし「三八式歩兵銃」を利用しての「擲弾」発射を目指したものの、六・五ミリという口径は、「擲弾」を投射するにはガス圧が不足していたため、列強陸軍のように基幹小銃を兼用した「擲弾銃」ではなく「特種銃」と呼ばれる擲弾専用の発射銃が速成された。

この「特種銃」は、旧式ながらも大口径の「十八年式村田銃」の機関部を利用したもので、銃は「銃身」「銃尾」「機関部」「銃床」より構成されており、全長一メートル十五センチ、重量約七キログラムであった。

銃身は「十八年式村田銃」の銃身を利用した口径十二ミリの滑腔銃身であり、「尾筒」と「遊底」より構成される「機関部」も「十八年式村田銃」の物を用いていた。

完成した「擲弾銃」は、大正三年七月に「甲号擲弾銃」として制式制定された。

擲弾は空包のガス圧により発射される。射程の調整は、「擲弾銃」の角度と、擲弾の「弾尾」の「柄」部分を銃身へどの程度の深さまで挿入するかにより加減されるガス圧とによって行なわれ、射程は四十から三百二十メートルであった。

「甲号擲弾銃」の射撃姿勢。「射手」は「支桿」と呼ばれる二脚を拡げて銃を設置してから、薬室に発射用の「薬筒」と呼ばれる「空包」を装填する。照準を行ない所定の射角で「榴弾」の装填が完了すると、左手で銃口基部にある「遊把」と呼ばれるグリップを握り、右手で引金に結び付けられた「拉縄」の端末の「握把」を引いて発射する

・甲号擲弾銃諸元
全長：約百十五センチ
重量：約七キロ

射撃方法

射撃は「射手」と「弾薬手」の二名一組で行なわれる。「射手」は『銃ヲ据エ』の号令で「支桿」と呼ばれる二脚を展開し、銃の「銃床」を地面に設置して薬室に「薬筒」を装填する。続いて照準を行ない「弾薬手」の弾薬装填が終了すれば、左手で銃口基部にあ

る「遊把」と呼ばれるグリップを握り、右手で引金に結び付けられた「拉縄《りゅうじょう》」の端末の「握把」を引いて発射する。「弾薬手」は「弾薬」を携帯し、射撃時には「弾薬」の「弾尾」を銃口に挿入する。

具体的な照準は、「銃口環」と呼ばれる取付金具を介して「銃身」の銃口基部にセットされた「照準器」によって行なう。「照準器」は、銃口環への取付金具である「円筒部」と「射角鈑」、そして「照尺」より成り立っていた。

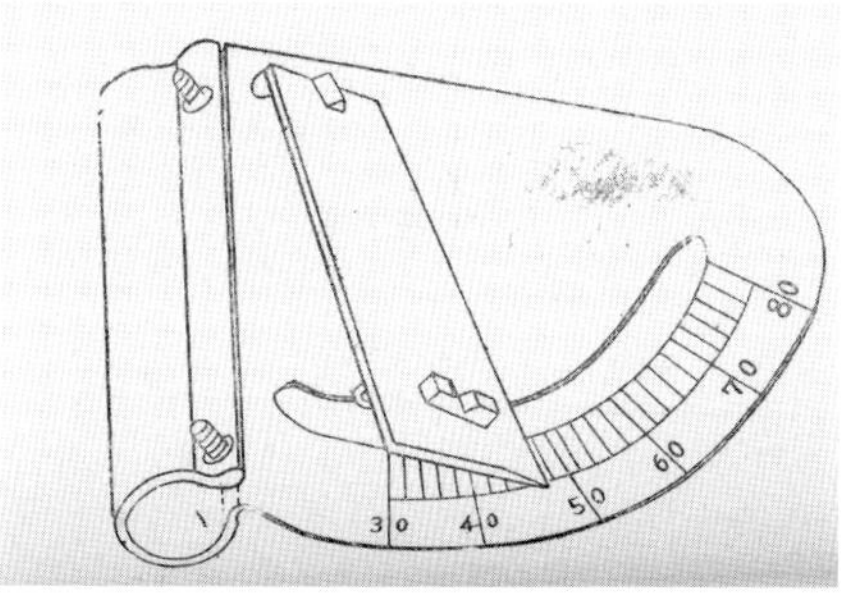

「甲号擲弾銃」の「照準器」。「照準器」は「銃口環」と呼ばれる銃口基部にある取付金具に「円筒部」と呼ばれるアダプターを介して取り付けられ、「照準器」は「射角鈑」と「照尺」より成り立っていた。この「照準器」の「照尺」にある「照門」と「照星」で方向照準を行ない、「照尺」後端にある30〜80度の角度が刻印さたた「射角鈑」の「指針」で射角を読算する

この「照準器」の「照尺」にある「照門」と「照星」で方向照準を行ない、「照尺」後端にある「指針」で射角を読算する。また「射角鈑」には射角付与のため三十〜八十度の角度が刻印されていた。

「弾薬」の「弾体」底部より伸びる「弾尾」には、射程に応じて十メートルごとに「刻点」が、五十メートルごとには「全周刻線」が、そして百、二百、三百メートルには太めの「全周刻線」と「1」「2」「3」の数値刻印が施されており、夜間でも爪や指での判別が可能であった。また、「弾尾」末端には空包のガス圧で広がる「塞環」が螺着されていた。

「射手」は「照準器」より読算した射角を、「擲弾銃」の「支桿（二脚）」を調整して付与するとともに、「弾薬手」は「刻点」または「全周刻線」を確認し、対応する深さまで「弾薬」の「弾尾」を銃口に挿入した。

「榴弾」は地面との激突により作動する「著発信管」を装備しているため、射撃に際して確実に信管頭部が地面に激突するよう、射距離が八十〜三百二十メートルの場合は原則として四十度の射角が用いられた。

塹壕への射撃など、大きな落下角度が必要な場合や、八十メートル以下の射撃、地形的に四十度の射角が取れない場合などは、六十度と七十度の射角が用いられた。

射角六十度では四十〜二百五十メートル、七十度では四十〜百メートルの距離の高角度での榴弾射撃が可能であった。

弾薬

弾薬には「榴弾」「照明弾」「信号弾」「発煙弾」「爆煙弾」の五種類があり、重量は一キロ。発射に際してはいずれも「薬筒」と呼ばれた「空包」が用いられた。

「榴弾」は、「弾体」と「弾尾」より構成され、「弾体」頭部には「著発信管」があり底部には引き抜き式の「安

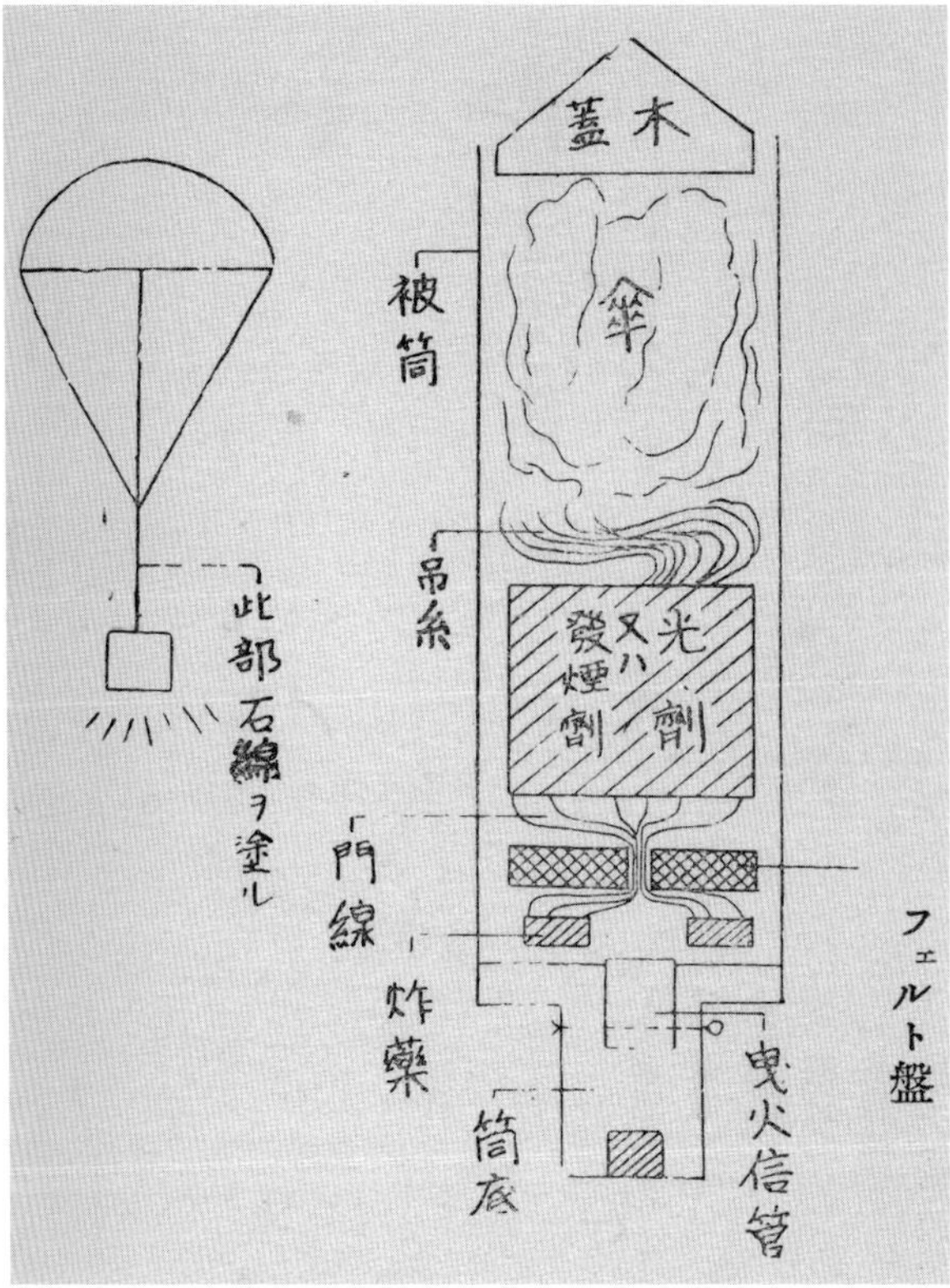

「甲号擲弾銃」の専用「照明弾」

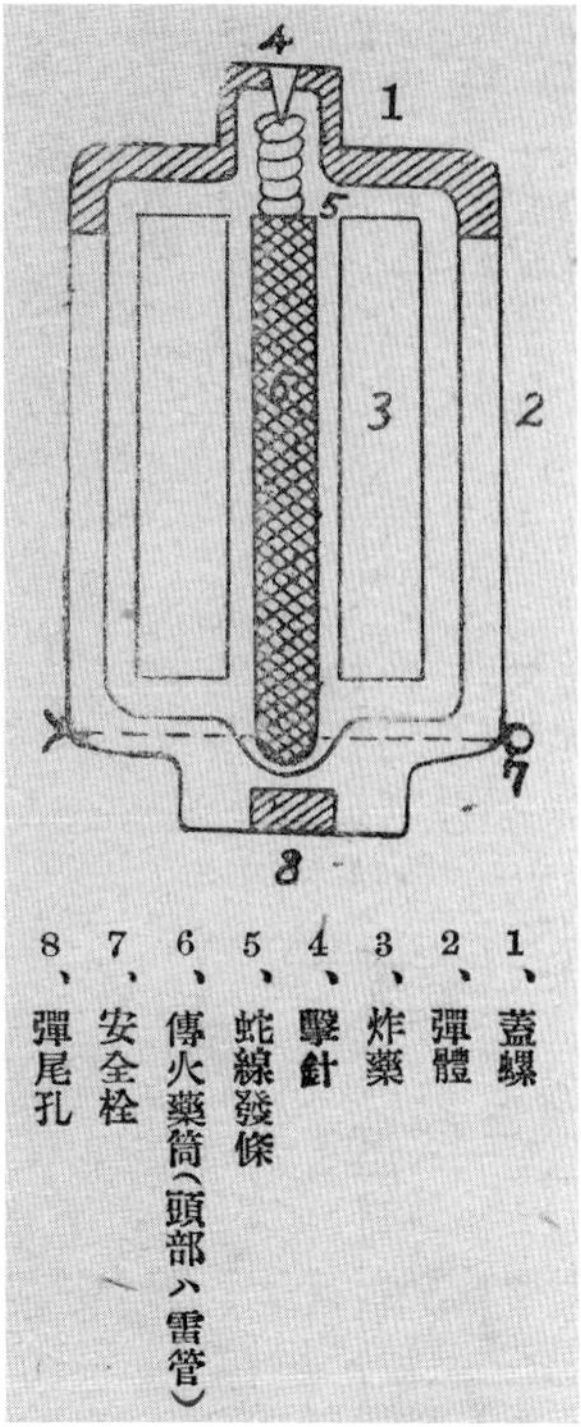

「甲号擲弾銃」の専用「榴弾」。「弾体」頭部には「著発信管」が設置されており、射撃に際しては射程に応じて「弾尾」を銃口に挿入する

全栓」が挿入されている。炸薬は「黄色薬」百三十グラムで、威力半径は五メートルであった。

「照明弾」は、「曳火信管」により発射五秒後から照明剤に点火されて照明が開始され、暗夜で飛翔中は半径三百メートル、地上落下後は半径二百五十メートルの距離を五十秒間照明が可能であった。

ただし、小銃射撃戦闘が可能な照明距離は半径七十メートルであり、塹壕戦での歩兵一個中隊の担当正面である百五十メートルを暗夜に常時照明する場合は、地形を顧慮し、二挺の擲弾銃を用いて二発ずつ三十秒間隔で連続射撃することが奨励されていた。

「信号弾」は、別名「吊星弾」とも呼ばれ、発射後に「弾体」内部より撃ち出された落下傘付の「光剤」または「発煙材」が燃焼し、「発光」または「発煙」信号を送ることができた。「光剤」は夜間用、「発煙剤」は昼間の信号連絡に用いられ、数種類の色彩があった。

「シベリア出兵」における「甲号擲弾銃」使用訓練の状況

甲号擲弾銃の配備状況　大正３年11月２日

部　隊	配備数	基幹部隊
右翼隊	26	歩兵三十四聯隊・歩兵六十七連隊基幹
第一中央隊	4	英バナジストン少将の指揮部隊に配属の工兵一個小隊
第二中央隊	50	歩兵第四十八聯隊・歩兵第五十六連隊基幹
左翼隊	50	歩兵第四十六連隊・歩兵第五十五連隊基幹

「発煙弾」は、「信号弾」の弾体を利用して作製されていた。「弾体」内部には「落下傘」に代えて白色の「発煙材」が詰められており、煙幕展張に用いられた。

「爆煙弾」は「発煙弾」を応用したもので、弾体内の火薬の爆発により着色された発煙材を急速に燃焼させて爆煙を発生させる弾薬である。戦局により緊急遮蔽が必要な場合のほかに、信号弾の代替や砲兵の射撃目標指示等の応用使用法も考案されていた。

実戦での運用

「甲号擲弾銃」の実戦投入は大正三年に勃発した「青島出兵」であり、「第十八師団」に百三十挺が配備されている。

「甲号擲弾銃」はほかの攻城器材とともに十月二十五日に師団に到着して、「陸軍技術審査部」の「伊勢喜之助砲兵中佐」が使用方法の指導にあたっている。

実戦では十一月二日より開始された敵の本防御陣地攻撃の際より使用されており、「右翼隊」に二十六挺、「第一中央隊」に四挺、「第二中央隊」に五十挺、「左翼隊」に五十挺が配備された。

また、その後の「シベリア出兵」でも、「浦塩派遣軍」隷下の部隊に増加装備として「甲号擲弾銃」が配備されている。

擲弾銃と擲弾筒❷

大正七年に制定された「乙号擲弾銃」及び、
「曳火信管（点火後に所定秒時を経過すると作動）」を装備した
日本陸軍初の「曳火手榴弾」である「十年式手榴弾」を解説！

第15話

乙号擲弾銃

　大正七年に制定された「乙号擲弾銃」は、機関部に「三八式歩兵銃」を利用した口径十一・三ミリの擲弾銃であり、弾薬は「曳火信管」を装備した専用「榴弾」を用いることが特徴であった。

「甲号擲弾銃」の「著発《ちゃくはつ》信管」を装備した「榴弾」に対して、新型の「乙号擲弾銃」の「榴弾」は「曳火信管」を装備しており、信管基部のダイヤル目盛を回転させることで「曳火秒時」と呼ばれる信管の燃焼時間を調整できるほかに、従来通りの著発モードを選択することもできることから、弾薬の爆発威力の向上と併せて信管の調整によっては敵の頭上で榴弾を破裂させることが可能であり、塹壕戦での威力が期待されていた。

　擲弾の射程の調整は、「甲号擲弾銃」

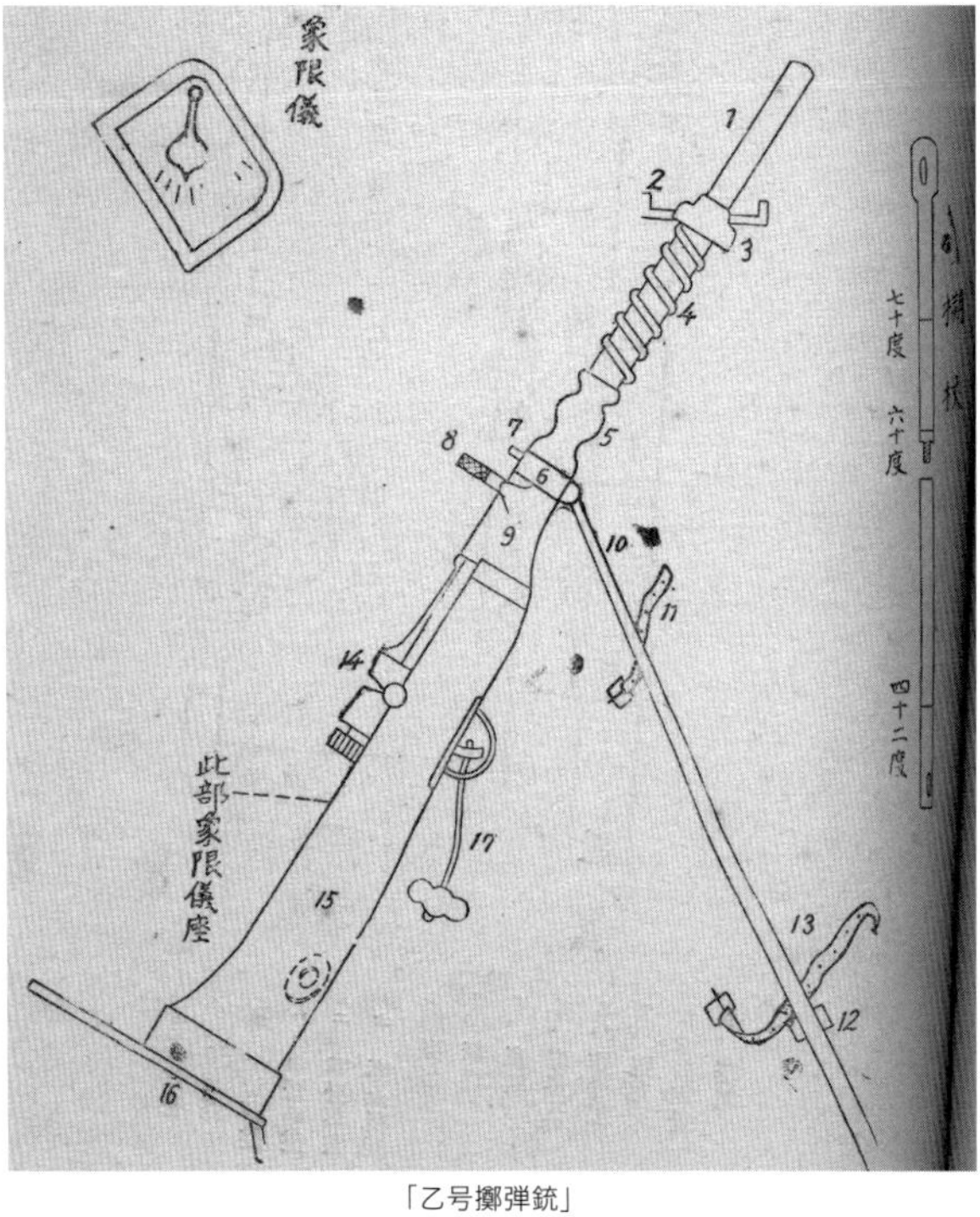

「乙号擲弾銃」

同様に「擲弾銃」の角度と銃身内に挿入する擲弾の「柄」の深さによって行なわれ、射程は四十から三百二十メートルであった。

・乙号擲弾銃諸元
全長：約一〇五センチ
重量：約一〇・八キロ

　射撃に際しては、「支桿」と呼ばれる二脚を展開して銃を地面から直立させて設置するとともに、射角に関係なく方向照準は銃口部左側にある「照尺」により行ない、「射角」の付与は「象限儀」ないし「槲杖」により行なわれた。

「象限儀」は銃機関部にある「象限儀座」上に置いて射角の付与に用い、「象限儀」は「本体」、側面にある「角度鈑」、角度を示す可動式の「振子」、そして移動時に「振子」の動揺を停止するストッパーである「押鈕」より構成されていた。

「槲杖」は銃身清掃用のクリーニングロッドであり、射角付与用として槲杖側面に「七十度」「六十度」「四十二度」を示す刻線が付けられており銃身の角度調整に用いられた。また携帯に際しては接続ネジを外して二本に分割することが可能であった。

「象限儀」ないし「槲杖」により読み取られた射角は、「弾尾規尺」と呼ば

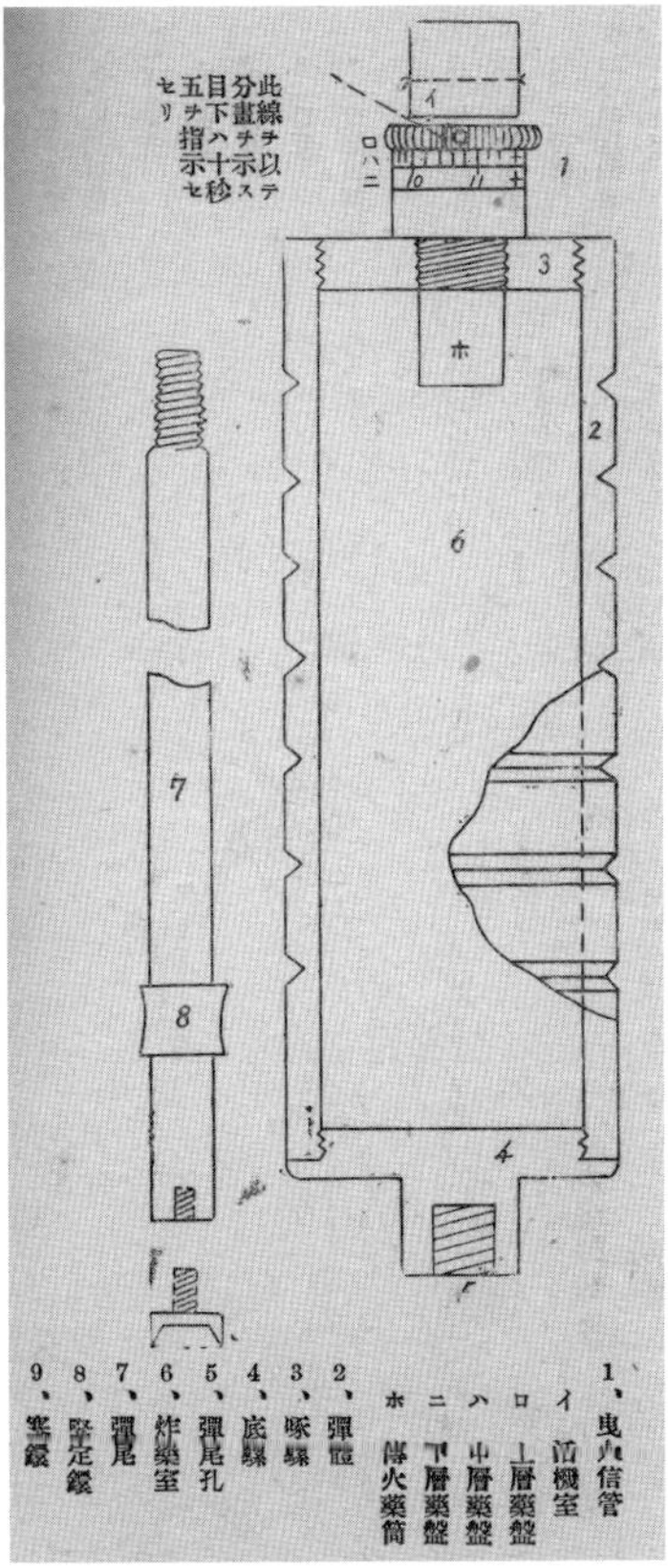

「乙号擲弾銃」の専用「榴弾」。弾体頭部に曳火信管が設置されており、敵の頭上で破裂させることができた

「陸軍歩兵学校」で訓練中の「擲弾銃分隊」。右から3人目が「分隊長」である

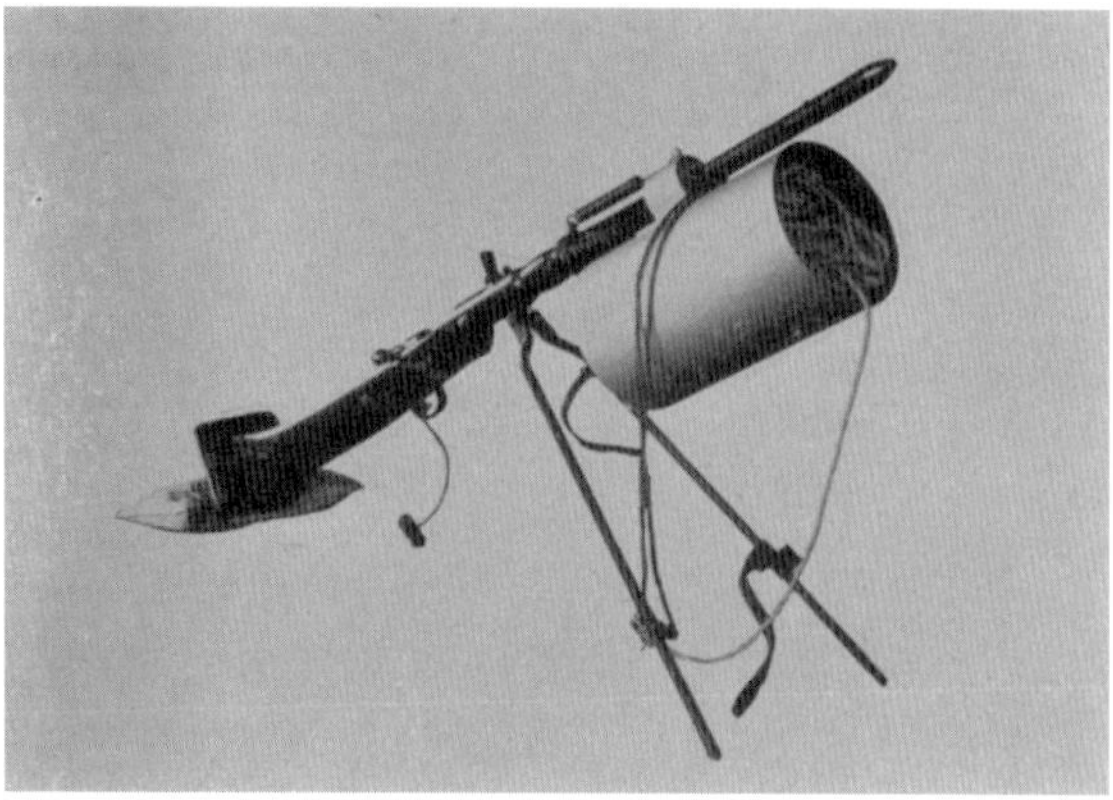

「乙号擲弾銃」をベースに改造した救助索発射用の「救命銃」

れる「計算尺」によって「銃口」に挿入する「弾薬」の「弾尾」の挿入長と「曳火信管」の作動時間を算出した。

　標準的な射角は「七十度」「六十度」「四十二度」の三種類であり、各角度での対応する射距離は「七十度」では百四十から三百二十メートル、「六十度」では七十から二百五十メートル、「四十二度」では四十から八十メートルであった。

　併せて「弾尾規尺」で算出された数値により、「弾尾」の挿入長の加減による詳細な射程調整が行なわれるとともに、「曳火信管」の作動時間が信管に設定された。

　また、「乙号擲弾銃」は一組で「擲弾銃分隊」を編成することを前提として、四銃に対して一個の「属品筐」が配当されていた。

　「属品筐」内には、四組の「象限儀」「弾尾規尺」のほかに、四銃分の予備品と手入具が収められていた。

弾薬

「乙号擲弾銃」の弾薬は新たに開発された専用弾であり、「榴弾」「照明弾」「信号弾」「発煙弾」「爆煙弾」の五種類があった。

　各弾薬の重量はすべて「弾体」一キロと「弾尾」一キロの合計二キロであり、発射に際しては「薬筒」と呼ばれる専用の空包が用いられた。

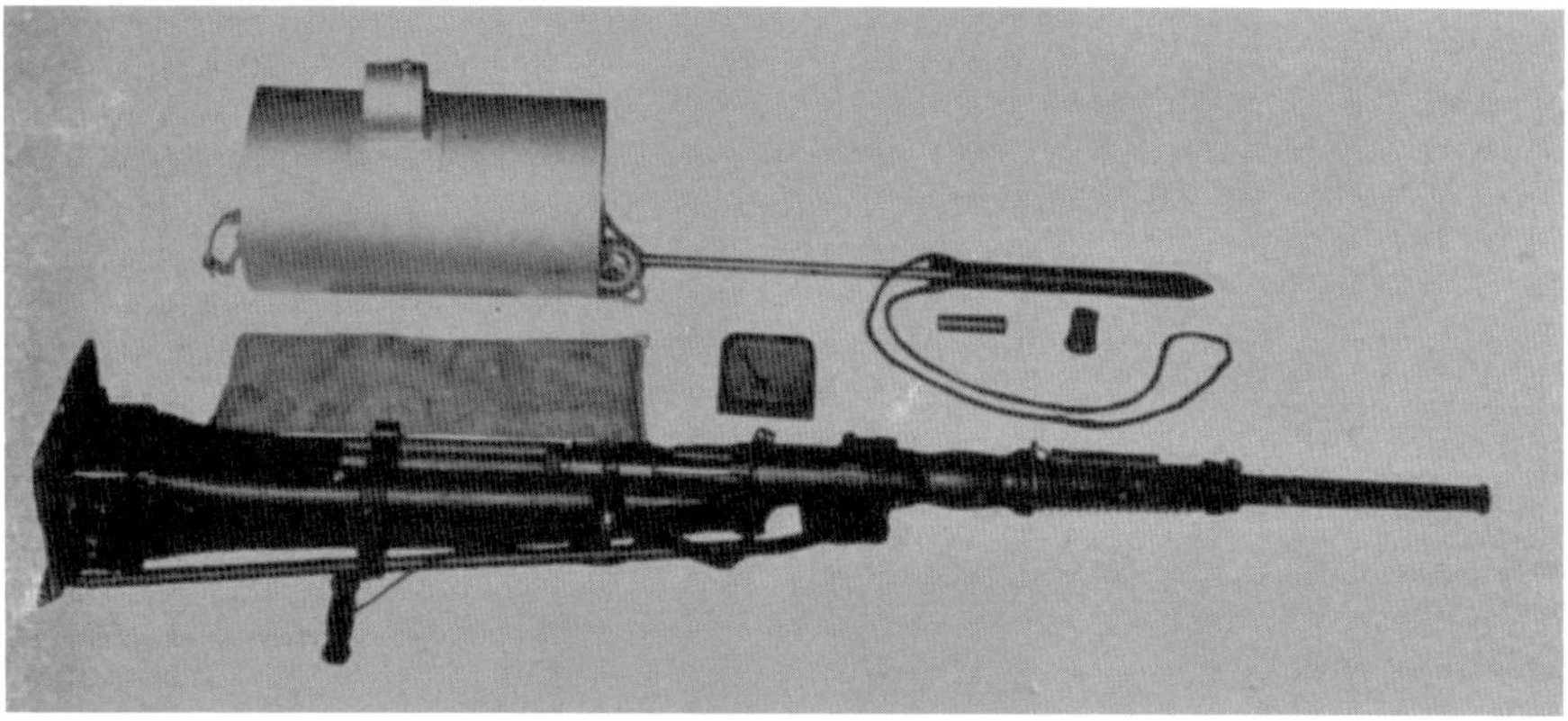

「救命銃」。「銃」本体の上に「象限儀」が見られる

「榴弾」は、「弾体」と「柄」より構成されており、「弾体」側面には七本の破片効果用の溝が設けられており、「弾体」頭部には「曳火信管」が取り付けられていた。

「榴弾」の射程は四十から三百二十メートル。炸薬として「黄色薬」三百七十グラムが充填されており、威力半径は二十メートルであった。

擲弾銃の運用方法

「擲弾銃」は部隊固有の兵器ではなく、戦闘の状況に応じて部隊ごとに適宜に支給される兵器であり、通常四銃一組で「擲弾銃分隊」を編成した。

「擲弾銃分隊」は下士官を分隊長として、隷下に「射手」と「弾薬手」よりなる「第一小銃擲弾組」から「第四小銃擲弾組」までの「小銃擲弾組」四組を擁していた。

戦局によって支給規模は異なるものの、「塹壕戦」において重要正面に展開する「歩兵中隊」には四～五個の「小銃擲弾分隊」を編成することが推奨されており、通常は中隊隷下の各「歩兵小隊」に一～二個分隊を配属するほか、状況に応じては将校を指揮官として中隊隷下の「小銃擲弾分隊」を統括して「小銃擲弾隊」を編成する場合もあった。

また戦局によっては携帯弾薬増加の目的で、「小銃擲弾組」の「弾薬手」を二名に増員する場合もあった。

擲弾銃分隊編成（一例）

分隊長	下士官
第一小銃擲弾組	射　手
	弾薬手
第二小銃擲弾組	射　手
	弾薬手
第三小銃擲弾組	射　手
	弾薬手
第四小銃擲弾組	射　手
	弾薬手

擲弾銃の廃止

大正八年の時点で「乙号擲弾銃」は銃本体が完成したのみで、新型の専用榴弾の「曳火信管」の運用方法も複雑であり的確な運用方法は確立されておらず、部隊運用が行なわれる「擲弾銃」の主体は「甲号擲弾銃」であった。

大正十年に「十年式擲弾筒」が制定されると「擲弾銃」は廃止されている。

救命銃

廃止によって余剰となった「擲弾銃」のうち「乙号擲弾銃」の一部は、海難時に遭難した船舶へ救助ロープを射出する「救命銃」に改造されている。

「救命銃」の改造研究は「小銃製造所」で「高橋源蔵歩兵中尉」と「太田戊三陸軍技師」が主任となり昭和三年九月に完成。昭和四年六月より「陸軍造兵廠」で百挺の改造が開始され、昭和五年二月に竣工しており、同年三月より「帝国水難救済会」隷下の各地の「救難所」と「救命機動艇」に配備が開始された。

また昭和九年、昭和十一年、昭和十三年に百挺ずつの増加配備が行なわれ、合計四百挺の「救命銃」が配備された。

「救命銃」の射程は九十メートルであ

ったが、昭和十三年生産タイプは発射する索の素材を軽量の絹糸に変更することで百三十メートルに増加している。

十年式手榴弾

明治四十年三月に制定された「手榴弾」は、戦訓等を元にして大正三年五月十八日（陸普第一四七一号）、大正七年三月二十三日（陸普第八五七号）、大正八年九月二十七日（陸普第三六六八号）、大正九年三月（陸普第一二六九号）の計四回の改正を受けたものの、信管は「著発信管」のままであり地面との衝突時の命中角度によっては作動しないケースも多々あった。

大正十年になると、点火後に所定秒時を経過すると作動する「曳火信管」を装備した陸軍初の「曳火手榴弾」である「十年式手榴弾」が制定される。

この「十年式手榴弾」の特徴は手で投擲するほかに、「擲弾銃」に代わり

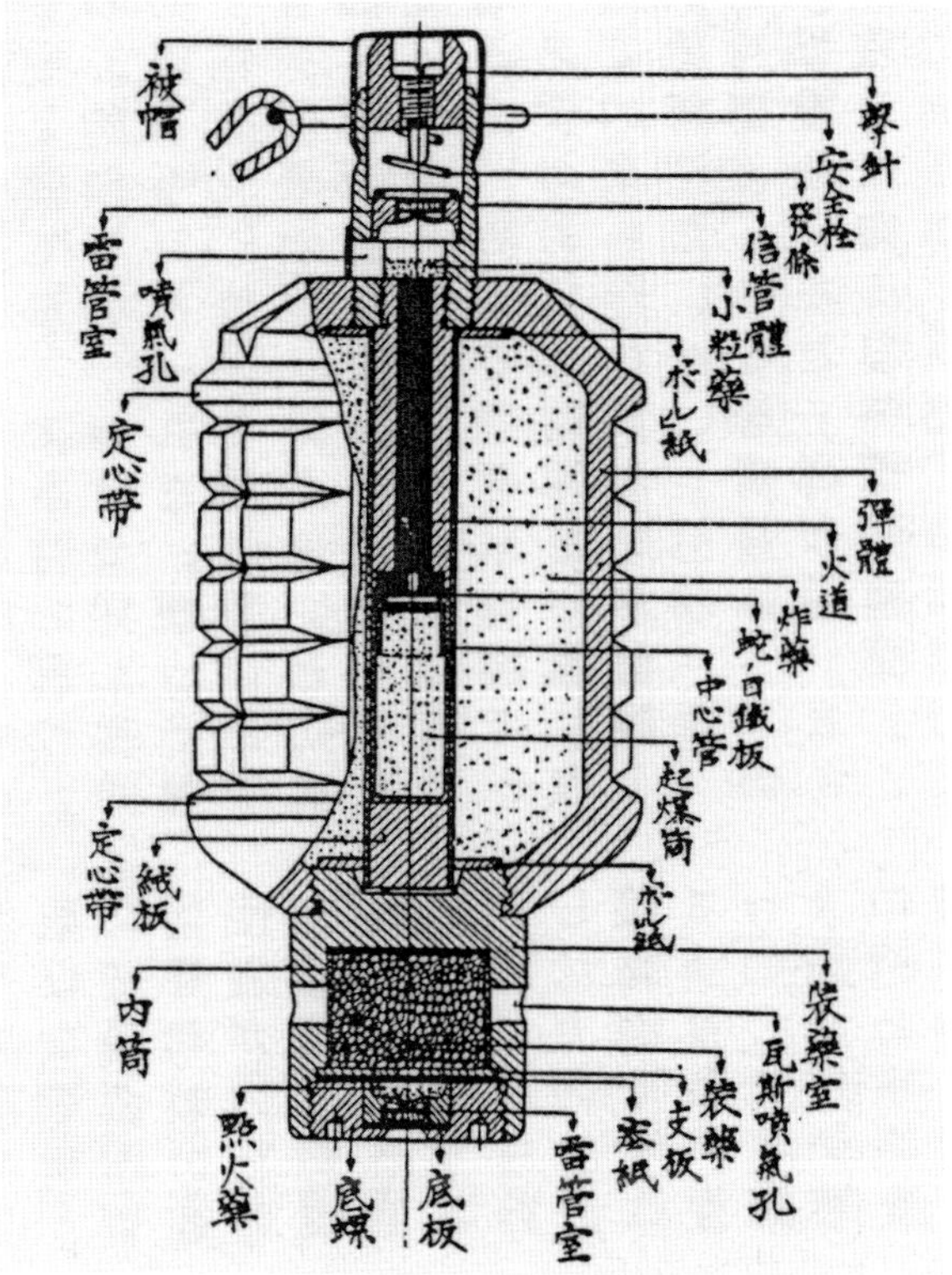

「十年式手榴弾」。陸軍初の「曳火信管」を備えた手榴弾であり、手で投擲するほかに「十年式擲弾筒」での発射も可能であった

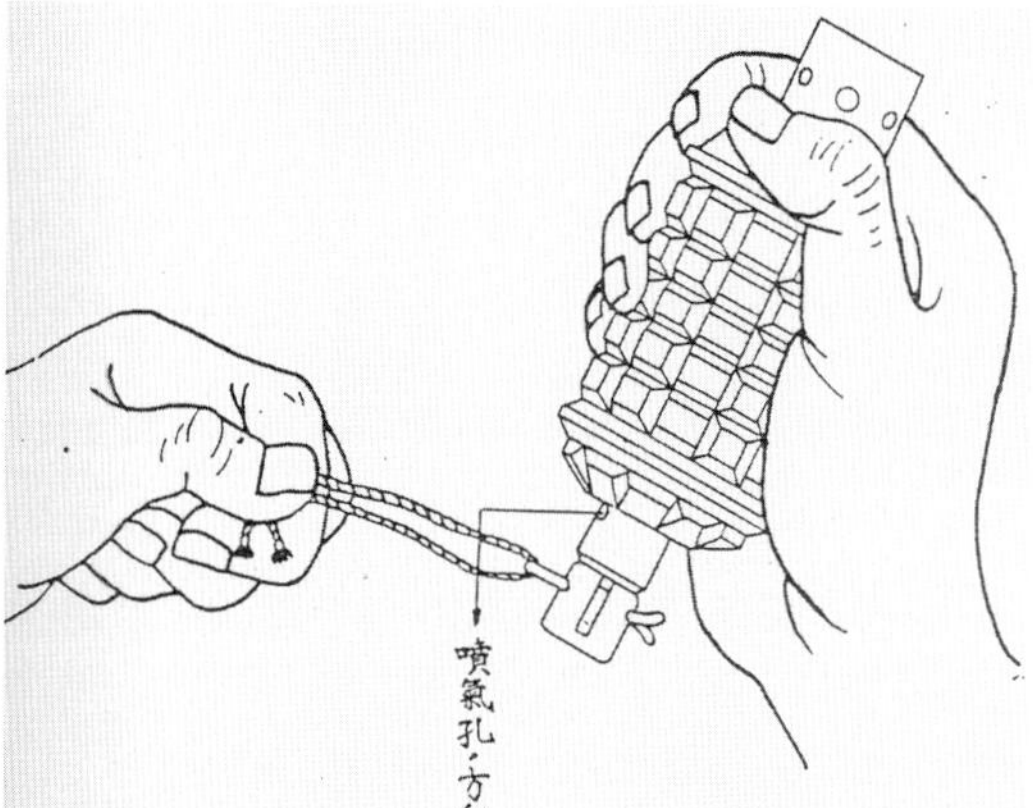

「十年式手榴弾」の保持方法。投擲時には右手で信管部を下にして、信管を発火させてから投擲する。この際、信管の燃焼により信管基部の「噴気孔」から吹き出る噴気煙による手首の火傷を防ぐために「噴気孔」を外側にして手榴弾を保持する

新たに制定された「十年式擲弾筒」の弾薬を兼用していることであり、「弾体」「信管」「起爆筒」「装薬筒」より構成されていた。

「弾体」は鋳鉄製で外面部に破片効果用の筋目が設けられており、弾体上下には擲弾筒で発射したときの弾道安定用に「定心帯」と呼ばれる帯が付けられている。炸薬は「塩斗薬」七十五グラムないし「茶褐薬」六十五グラムを充填した。

「信管」は打撃点火によって所定秒時後に爆発する「曳火信管」であり、点火に際しては「安全栓」を抜いてから、「信管」頭部の「撃針」の脱落防止用に被せてある「被帽」ごと「石」や「踵」等に打撃して発火させる。信管発火後、その火は信管用の「火道」を通じて七・五秒後に起爆剤を収めた「起爆筒」に達し、その爆発により本体の「炸薬」が起爆する仕組みである。

「装薬筒」は「擲弾筒」で発射する際の推進薬が入ったブースターである。本体と「装薬筒」とを分離することはできなかったが、改良された「九一式手榴弾」は分離可能となった。しかし、実際は取り外さずに投擲されることが多かった。

また、投擲訓練用として「十年式手投演習用曳火手榴弾」があった。

十年式手榴弾諸元

全備重量	540《グラム》	
信　管	著発信管	
炸　薬	塩斗薬	75《グラム》
	茶褐薬	65《グラム》

投擲方法

投擲に際しては、右手で「信管」を下にした状態で「弾体」を握り、信管に付いている「安全栓」を抜き、信管頭部を「石」や「踵」等に打ちつけて発火させてから投擲する。

なお、「信管」の打撃発火に際しては、「安全栓」の付いている方向を腕の外側に向けて発火させることで、点火後に「信管」の「噴気孔」から出る燃焼煙による火傷を防止する。

また、手榴弾の「曳火信管」は、「擲弾筒」での発射を前提として「曳火秒時」と呼ばれる燃焼時間が七・五秒であるため、手で投擲する場合は敵サイドより投げ返されるリスクがあった。そのため発火後に三秒が経過してから投擲することとなっていた。

この投擲時における三秒の算出には、信管の発火後に「一」～「三」の掛け声で手榴弾を握った右手を振る方法が推奨された。すなわち、「一」で腕を前方に振り、「二」で後方に振り戻して「三」で目標に向けて前方に勢いを付けて投擲する方法である。

手榴弾は二十発入の木製弾薬箱に収められて運搬された。中隊単位で将兵に分配後は各自の「雑嚢」の中に収めて携帯した。

擲弾銃と擲弾筒❸

大正十年になると「擲弾銃」に代わり、歩兵の支援火器として「擲弾筒」が制定された。第16話は「手榴弾」を発射することが可能な「十年式擲弾筒」を解説していく！

第16話

十年式擲弾筒

この「擲弾筒」は、弾薬が「手榴弾」を兼用しており、手榴弾の投擲距離外の三十〜二百二十メートルの距離に「手榴弾」を発射することができた。

「擲弾筒」の弾薬は、攻撃用の「曳火手榴弾」である「十年式曳火手榴弾」のほかに、「十年式照明弾」「十年式信号弾」「十一年式発煙弾」「十年式発射演習用曳火手榴弾」「十年式擲弾筒空包」があった。

射撃準備

「擲弾筒」の射撃は、「擲弾筒手」である「射手」と「助手」の二名が一組となって行なわれ、「射手」は射距離・分画の設定、照準及び射撃に任じ、「助手」は弾薬の準備と装填を行なう、いわゆる「弾薬手」の役割を担った。

射撃に先がけての「射撃準備」では「射手」が携帯する「擲弾筒」の組み立てが行なわれた。

「擲弾筒」は「筒」「柄桿」「蓋板」「駐板」より構成されており、重量は二・五キロで口径は五十ミリであった。

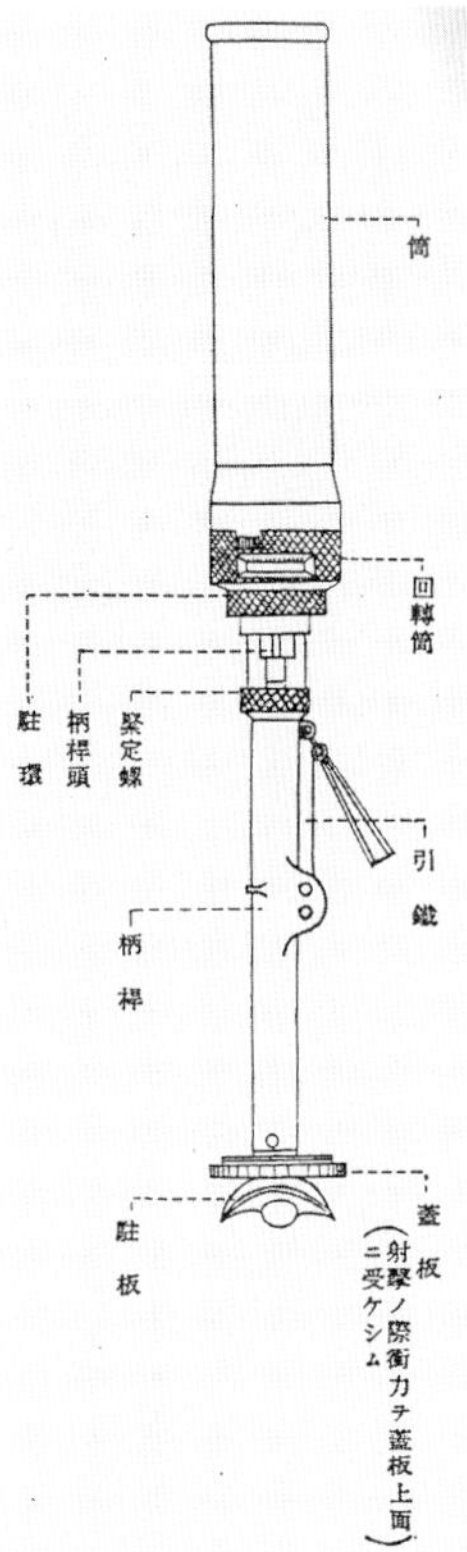

「十年式擲弾筒」の全体図

携帯する際には容積を減少させるために、「筒」内に「柄桿」と「駐板」を収納して、「筒口」に付けられたネジ溝を用いて「蓋板」を螺着《らちゃく》するとともに革製の「負革」に収納して、肩に掛けるか「背嚢」に縛着する。

射撃に際しては、「射手」は「負革」より収納状態の「擲弾筒」を取り出して、収納の逆手順で組み立てを行ない、「助手」は「手榴弾」の準備を行なう。

射撃方法

射撃方法には、手榴弾が弾着後に破裂する「著発《ちゃくはつ》射撃」と、敵の頭上で手榴弾を破裂させる「曳火射撃」の二種類があった。

射距離の調整には「擲弾筒」の角度と、「筒」基部にある「瓦斯《ガス》窓」と呼ばれる開閉式スリットにより行なわれた。すなわち、この「瓦斯窓」の面積を調定することで、発射ガスの排出量を加減し、弾薬の初速を変更することができた。

この「瓦斯窓」の調整には、「筒」基部にある「回転筒」と呼ばれるリングを回転させて、所定の射距離にスリット幅を合わせるシステムが採用されていた。

「曳火射撃」では、射距離六十メートルで「瓦斯窓」は全開状態となり、最大射程の二百二十メートルでは完全閉鎖の状態となった。

実際の射撃に際して、「射手」は射距離に応じた擲弾筒の筒の「角度」と「分画」を設定し、「助手」は「安全栓」を外した「手榴弾」を擲弾筒の「筒」に「信管」部を上にして挿入する。

射撃に際して「射手」は「柄桿」に付いている撃発装置である「引鉄」を作動させるため、革製の「拉縄」を下に引いて発射した。

「拉縄」の操作により、「引鉄」に連動した「撃針」が「手榴弾」の底部にある「雷管」を衝撃して「装薬」に点火させることで、「手榴弾」は「擲弾筒」より発射される。

「筒」には方向照準を行なうために、外側に「方向照準線」と呼ばれる赤色の線が引かれていた。

「弾薬」である「手榴弾」は、「手投」の場合は「信管」を発火させてから投擲するが、「擲弾筒」の場合、「信管」は「装薬」の点火による発射衝撃により作動する。

著発射撃

発射した「手榴弾」が弾着後に破裂する「著発射撃」は、六十～二百二十メートルの射距離に適しており、照準には「下方分画」を所定の距離に合わせて射角は四十五度に固定して行なわれた。

また、「著発射撃」のなかで「近距離射撃」と呼ばれた三十～六十メートルの距離の射撃では、照準を「下方分画」の六十に固定して、筒の角度を四十五～七十度に替えて射程を調節する。

曳火射撃

「曳火射撃」は、土質が軟弱で着弾した手榴弾が地中に埋没する可能性がある場合や、塹壕戦等で空中爆発による破片効果が必要な場合に多用される射撃方法である。

この「曳火射撃」は、六十～二百二十メートルの射距離に適しており、照準には「上方分画」が用いられ四十五度以上の大射角での射撃が行なわれた。

射撃に際して、初弾は「上方分画」を合わせてから射角を少し増加させて発射を行ない、「手榴弾」が目標上空で破裂するまで射角を増減させて調整

著発射撃－近距離射撃射角一覧

射角（度）	射程（メートル）
45	60
60	45
70	30

曳火射撃　射角一覧

射角（度）	射程（メートル）
45	220
50	180
60	120
70	80
75	60

を行なった。この射角調整では、弾薬の破裂威力を最大限に発揮させるために、発射した手榴弾の半数以上が目標上空で破裂して、そのほかは着弾後に破裂する角度が標準とされた。

　射撃姿勢は「膝射」と「伏射」の二種類である。

　発射速度は、「射手」と「助手」の二名一組の場合は最大一分間に四十発、「射手」のみの場合は最大一分間に二十発であり、いずれの場合も射撃速度向上のために「手榴弾」の「安全栓」はあらかじめ外しておく。

擲弾筒の注意事項

「擲弾筒」の射撃時における大きな注意事項は二点あった。

　一つ目は、「手榴弾」の装填は「信管」を発火させずに行なうことである。「助手」の教育不足ないし誤解より、発火させた「手榴弾」を「擲弾筒」に装填してしまい筒内で爆発する事故が発生している。

　二つ目は、「装填」状態の「筒」に、さらに「手榴弾」を上から重ねて装填する「二重装填」を行なわないことであった。

　この「二重装填」に気付かないまま射撃を行なうと、手榴弾の衝突により「筒」が破裂する「腔発」と呼ばれる爆発事故を惹起するため、「射手」と「助手」間の確実な意思疎通を行なうなど、「二重装填」の防止に細心の注意を払うよう教育されていた。

擲弾筒の配備と運用

「擲弾筒」は戦時に際しての増加装備として、一個「歩兵中隊」に対して三～九筒が配備される計画となっていたが、平時では中隊に正規の定数は配備されておらず、各「聯隊本部」隷下の

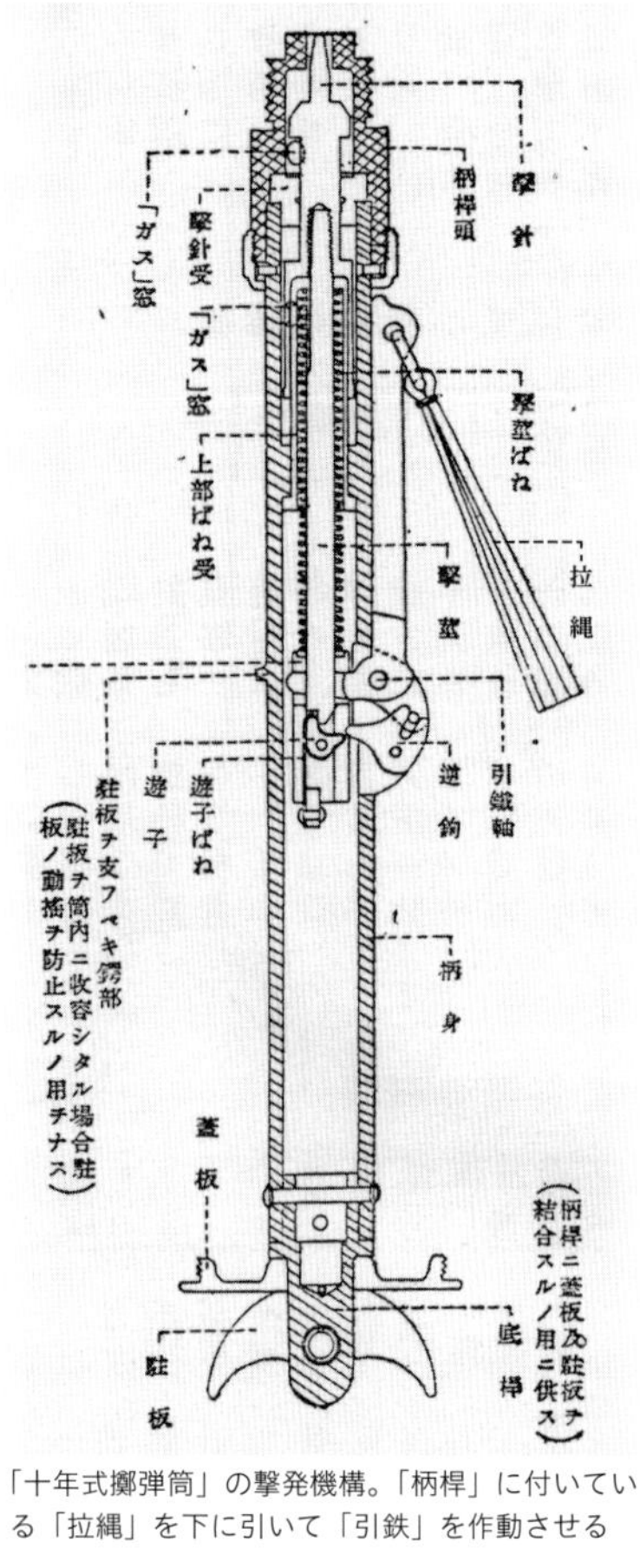

「十年式擲弾筒」の撃発機構。「柄桿」に付いている「拉縄」を下に引いて「引鉄」を作動させる

「兵器委員」が「兵器庫」内に予備兵器のカテゴリーで管理している「擲弾筒」を用いて、隷下の各「歩兵中隊」の「射手」「助手」要員に対して使用法と普及教育が行なわれるのみであった。

大正十年の時点で、戦時に際して「歩兵中隊」に「擲弾筒」が配備される場合は、中隊隷下の三個の「歩兵小隊」に各一〜三筒が分配されることとなっており、「歩兵小隊」隷下の「軽機関銃分隊」以外の三〜五個ある「小銃分隊」に適宜に一筒ずつを分配して「分隊長」の指揮により火力支援が行なわれた。

また、一度に二筒以上の「擲弾筒」を統括運用する場合は、「下士官」を射撃指揮官に充てるほか、戦局に応じて「小隊長」が小隊より抽出した「射手」「助手」を一元指揮して統括運用する場合もあった。

このほかにも攻防時の火力集中を目的として、「中隊長」が中隊隷下の「擲弾筒手」「助手」を一手に集成し、「中隊擲弾筒隊」を臨時編成して運用する場合もあった。

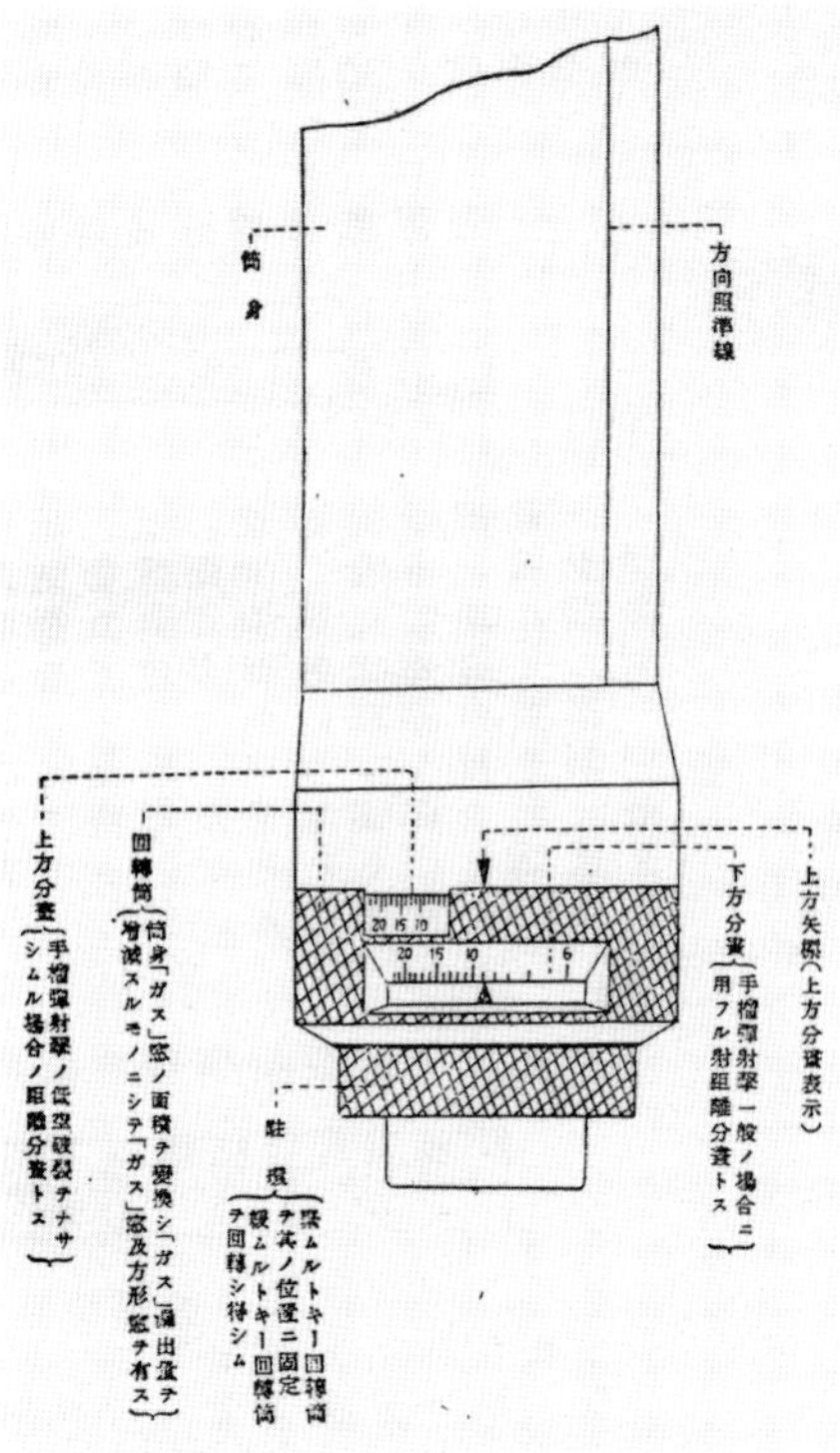

「十年式擲弾筒」の「筒」基部。射撃に際して用いられる「回転筒」と「上方分画」や「下方分画」の状況が見てとれる

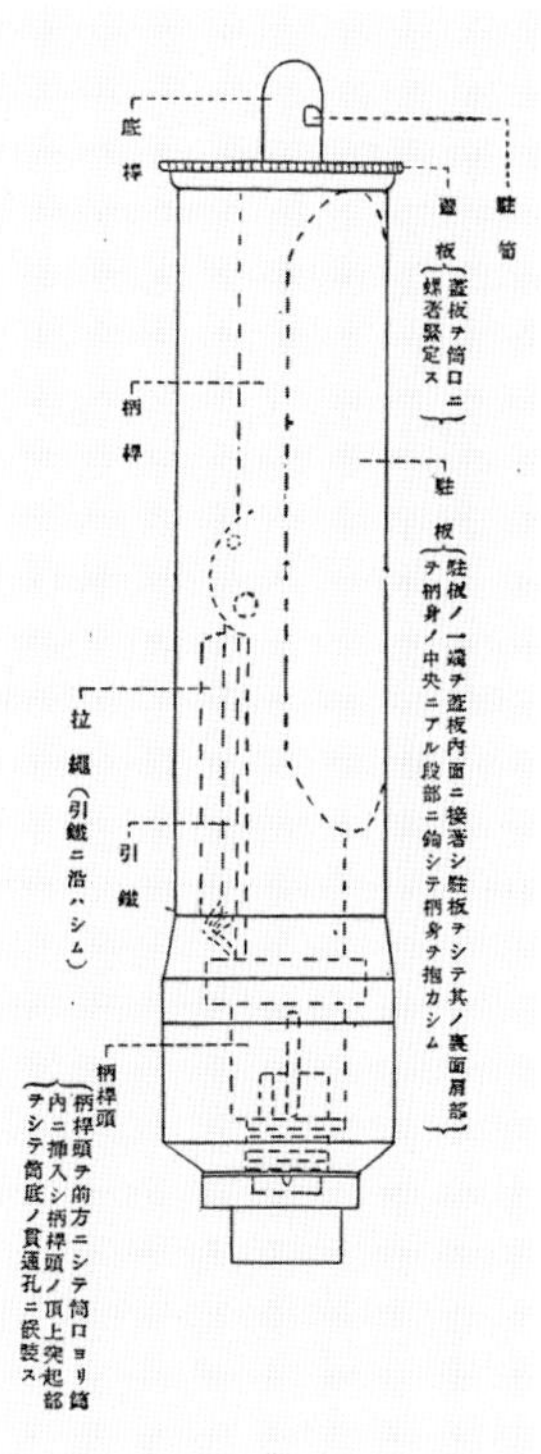

「十年式擲弾筒」の収納状況。「筒」内に「柄桿」「駐板」を収納し、「筒口」に「蓋板」を螺着して携帯時の容積を小さくした

各種弾薬

以下に「十年式擲弾筒」用の「手榴弾」以外の弾薬である「十年式照明弾」「十年式信号弾」「十一年式発煙

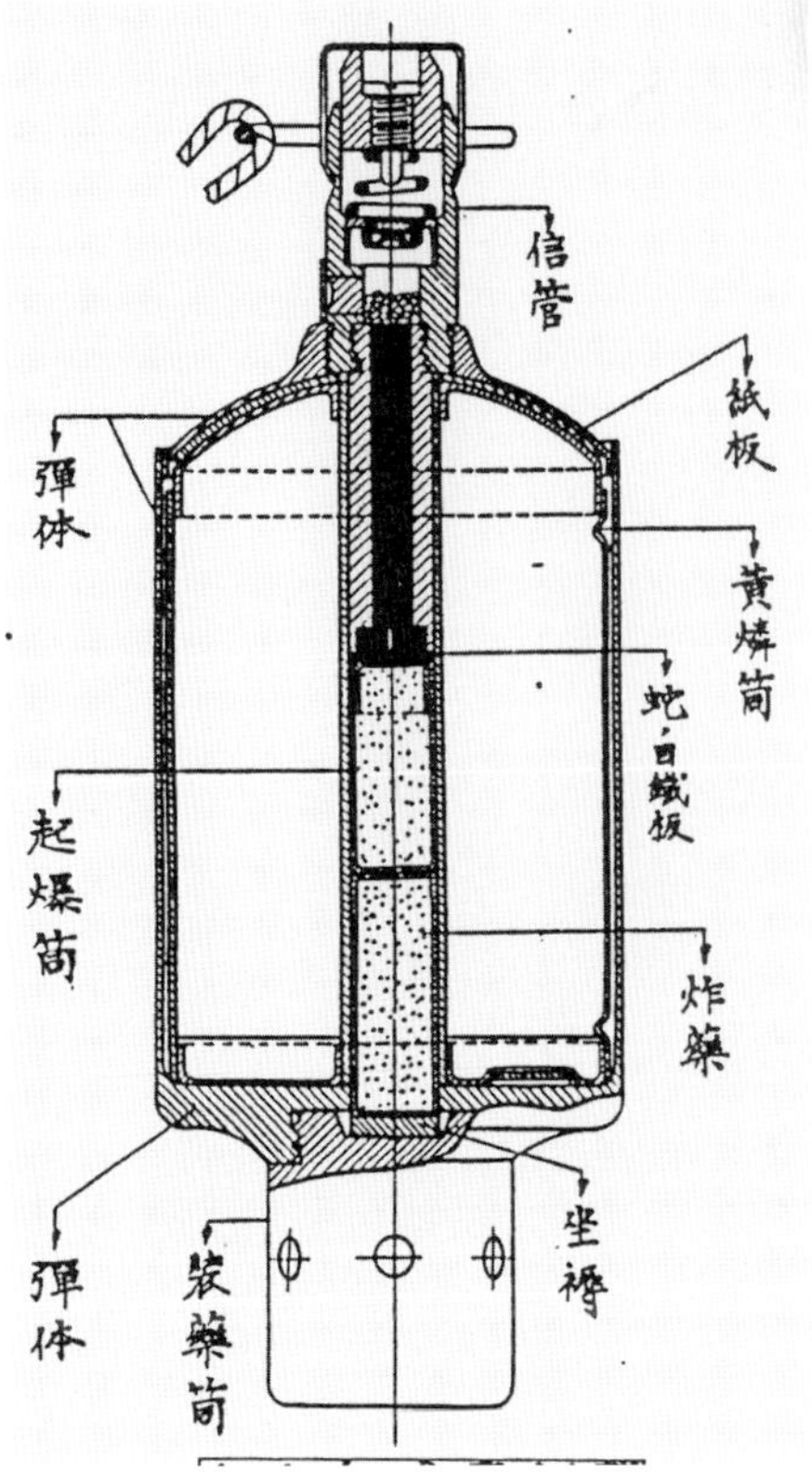

十一年式発煙弾

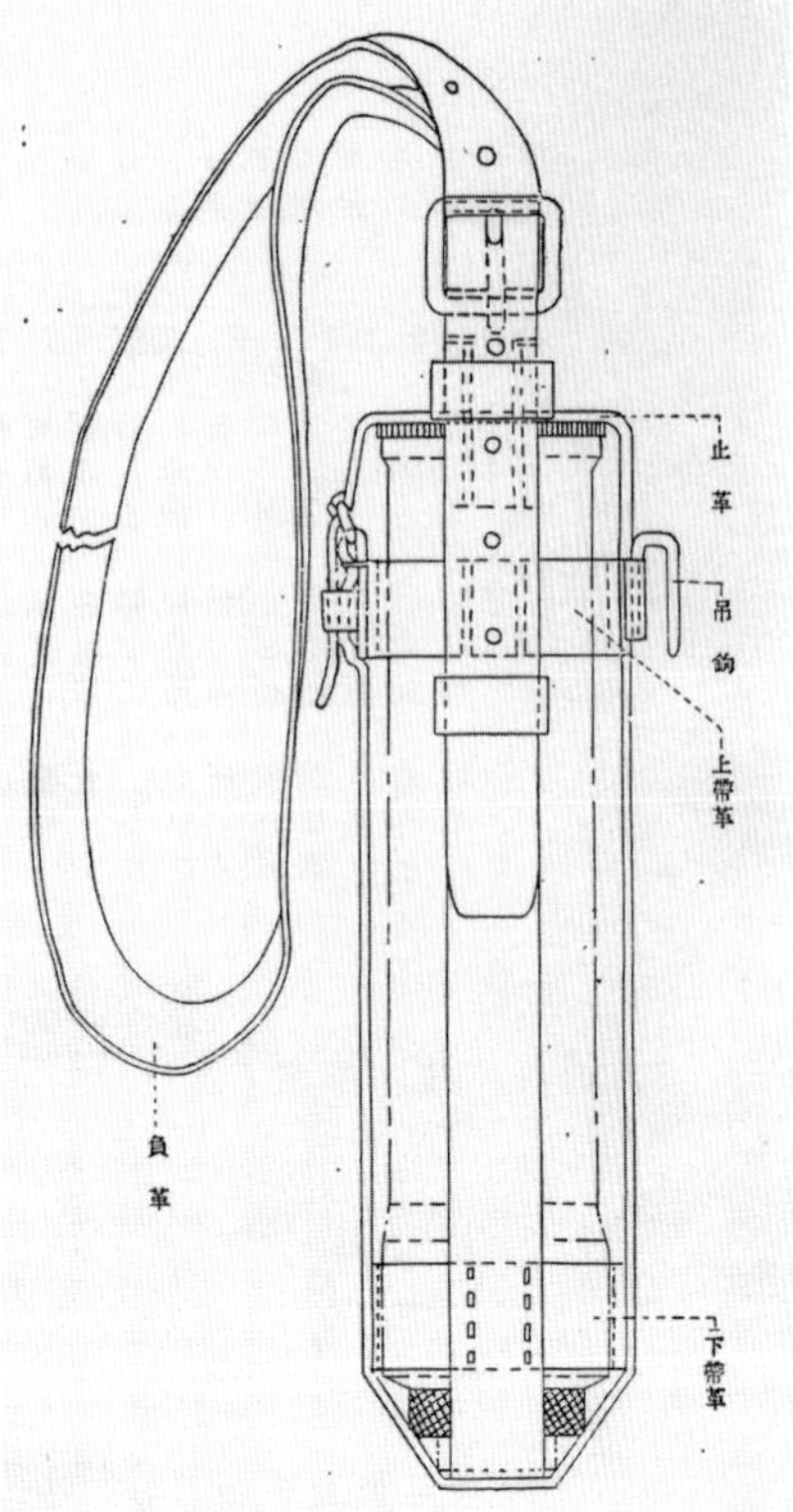

「十年式擲弾筒」の携帯状況。革製「負革」に収納して、左肩より右腰に掛けるか「背嚢」に縛着する

弾」「十年式発射演習用曳火手榴弾」「十年式擲弾筒空包」を紹介する。

「十年式照明弾」は、夜間照明用の照明弾であり、「甲」「乙」の二種類がある。

「擲弾筒」で発射すると、発射三秒後に点火剤に点火されて地上到着と同時に内部に収められた照明剤が燃焼を開始するようになっていた。

照明能力は、暗夜で「甲」は半径二百メートルを三十秒間、「乙」は半径二百五十メートルを二十秒間が標準であった。

「十年式信号弾」は光ないし煙により信号を発する信号弾であり、「擲弾筒」で垂直に発射する。

信号弾は紙製の「弾体」の中に各種信号剤が詰められており、煙の登る「龍」、落下傘で光剤が降下する「吊星」、流れ星の様に光剤が飛ぶ「流星」の三種類があった。

信号弾の詳細は次表の通りである。

「十一年式発煙弾」は、「黄燐」により発煙を行なう煙幕構築用の発煙弾であり、「擲弾筒」での発射のほかに、手での投擲も可能であった。

射撃方法は「著発射撃」で行なわれ、微風の状況下で幅十二メートルの煙幕を三十秒間持続することが可能であった。

発煙剤の「黄燐」は発火の危険性が高いために、取り扱いには細心の注意を払うことが求められており、また、発生する煙幕は少量の毒性があるため吸引しないように注意喚起されていた。

「十年式発射演習用曳火手榴弾」は、「発射訓練」に用いる訓練弾であり、重量は「十年式手榴弾」と同一の五百四十グラムに調整されている。

「十年式擲弾筒空包」は訓練用の専用空包であり、ボール紙製の本体の中に炸薬が収められており、照準を「下方分画」の六十、角度四十五度で発射すると三秒後に射距離五十メートルの地点の高度二十メートルで破裂する。

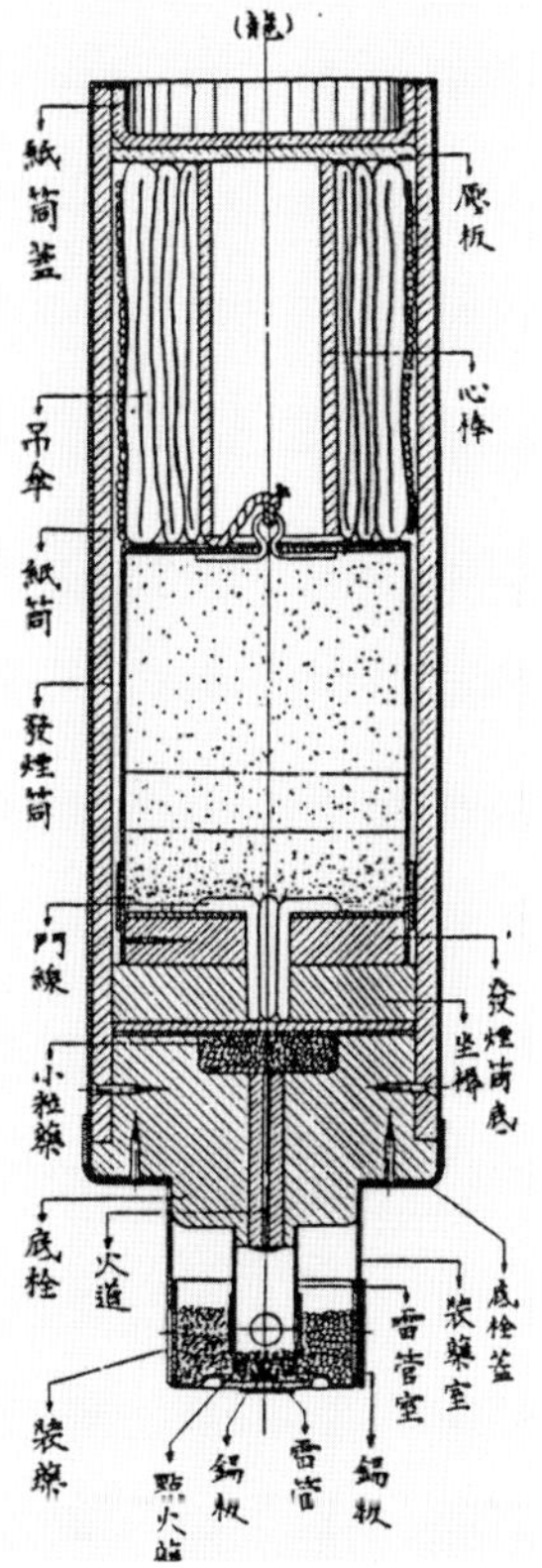

十年式信号弾。図版は「龍」の内部状況

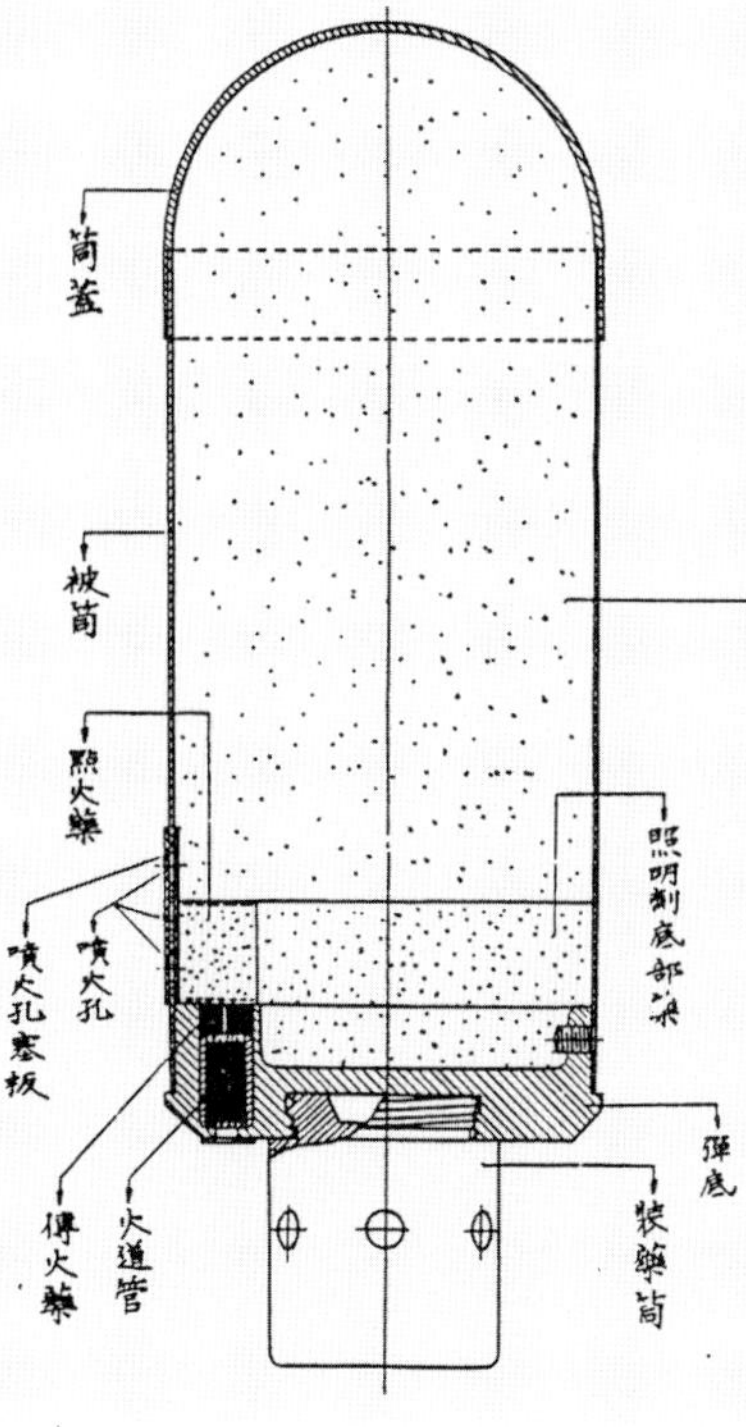

十年式照明弾（甲）

信号弾一覧

種類	色	使用区分	表現時間	昼間通信距離	夜間通信距離
龍	黒	昼間遠距離	30秒	8000メートル	——
	黄				
吊星	白	夜間遠距離用	20～30秒	3000メートル	25000メートル
	赤				
	緑				
流星	白一星	夜間近距離用	5～8秒	2000メートル	8000メートル
	白二星				
	白三星				
	赤一星				
	赤二星				
	赤三星				
	緑一星				
	緑二星				
	緑三星				

第17話

歩兵砲❶

歩兵支援に特化した平射タイプの「狙撃砲」及び、曲射タイプの「迫撃砲」の射撃方法・運搬方法等を取り上げていく！

歩兵砲の嚆矢

火砲は誕生以来、歩兵の後方より射程を活かしての支援射撃を行なってきたが、火砲の中でも軽量の「野砲」や「山砲」などの「軽砲」は、状況に応じて、「歩兵」と同列に進出して直接支援射撃を行なっている。

十八世紀に入ると、欧米列強では「砲兵科」に支援を得ることなく「歩兵科」が直轄運用できる火砲として、旧式化した「砲兵科」の「山砲」が、「歩兵科」専用の支援火砲「歩兵砲（Infantry Gun）」ないし「聯隊砲（Regimental Gun）」の呼称で運用されはじめた。

日本では、幕末の「戊辰戦争」から明治十年の「西南戦争」までの国内戦闘では「砲兵」が用いる火砲のうちから「四斤山砲」と「十二拇《ぼ》臼砲」が、「歩兵」の近接支援火器として多用されている。

特種砲

「欧州大戦」の戦場には、歩兵みずから運用する歩兵支援に特化した平射タイプの「狙撃砲」と、曲射タイプの「迫撃砲」が登場しており、多くは「歩兵大隊」レベルに配属されて隷下部隊の直接支援に多用された。

日本では、欧州大戦の塹壕戦で登場した特別な兵器を「特種兵器」として分類・研究・整備が行なわれており、これらの「狙撃砲」と「迫撃砲」には「特種砲」の名称が付与されていた。

狙撃砲

狙撃砲は、戦時に各「歩兵大隊」に一〜二門が配属され、その目的は塹壕戦での歩兵の脅威となる「機関銃」の破壊であった。狙撃砲の任務は、状況に応じたトーチカの開閉部・敵砲兵・夜間の敵探照灯の破壊のほかに、「欧州大戦」で戦場に出現した歩兵の最大の脅威である「タンク」こと「戦車」に対しての対戦車戦闘であった。

装輪状況で「狙撃砲」の射撃訓練の模様。手で目標を指示する
写真中央の「砲長」の後ろには抜刀した「小隊長」が見える

日本では、フランスのプトー社製の「一九一六年式三十七粍砲」を参考に、口径三十七ミリの「試製機関銃破壊砲」の開発が大正五年からはじめられており、大正六年に「狙撃砲」の名称で制式制定されている。

車輪を外した状態での「狙撃砲」の射撃訓練。写真右端は「砲長」

「狙撃砲」は、装輪式砲架の上に半自動式閉鎖機を備えた口径三十七ミリの砲身と防楯が搭載されており、総重量は百七十五キロであった。

「狙撃砲」は初速五百三十メートル、最大射程は五千メートルであり、千五百メートル以内の命中率は良好であった。照準は「表尺眼鏡」と呼ばれるスコープにより行なわれた。「表尺眼鏡」には二千五百メートルまでの目盛が刻まれていた。

「砲架」に付随した厚さ三ミリの「防楯」は、近距離からの小銃弾や砲弾の破片から砲手を守ることのできる「防弾鋼板」製で、「上方防楯」と可変式で射撃時の「前脚」を兼ねる「下方防楯」とで構成されており、「下方防楯」は砲身高を地上七十センチ～三十五センチまで九種類に変更することができた。

射撃方法

「狙撃砲」は「車輪」を付けた装輪状態での射撃も可能であるが、安定した射撃を行なうため、原則として射撃時には「車輪」は外すこととなっていた。

射撃は、下士官である「砲長」指揮のもと、「一番砲手」～「六番砲手」の計七名で行なわれた。

弾薬は「破甲榴弾」と呼ばれる徹甲弾兼用の榴弾一種のみで、二十発入の「弾薬箱」で携行され、重量は二十七・七キロであった。一門につき百二

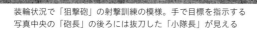

十発の弾薬が準備されていた。

また、各砲には眼鏡、手入具、修理具、測遠具、提灯等を収めた「属品箱」があるほか、「砲隊」に一個宛に予備品、工具、脂油等を収めた「器具箱」があった。

運搬方法

「狙撃砲」の運搬方法には「車載」「駄載」「人力輓曳《ばんえい》」「臂力《ひりょく》搬送」の四種類があった。

「車載」は、二台の「三九式輜重車」を用いた運搬方法であり、一台の「輜重車」に「狙撃砲」、残る一台に「弾薬箱」六箱と「属品箱」を搭載して、馬匹ないし人力で牽引した。

「駄載」は、四頭の「駄馬」で「狙撃砲」を運搬する方法であり、分解した「狙撃砲」と「属品箱」を二頭の「駄馬」の「駄鞍」に「駄載」して、六箱の「弾薬箱」は三箱ずつ二頭の「駄馬」の「駄鞍」に「駄載」する。

「人力輓曳」は、二名の人力で「狙撃砲」を牽引する移動方法であり、「砲車」に「肩綱」とよばれる牽引ロープを付けるとともに、砲火端末に取り付けられた「提棍」とよばれる牽引棒を用いて牽引する。「属品箱」と「弾薬箱」は、「砲手」が手で持つか肩に担ぐ「臂力搬送」で運搬する。

「臂力搬送」は、陣地内や短距離や狭隘地で行なう移動であり、分解した「狙撃砲」を「砲長」、「一番砲手」〜「六番砲手」と「予備砲手」三名の合計十名で搬送する。「臂力搬送」は別名「分解搬送」とも呼ばれた。

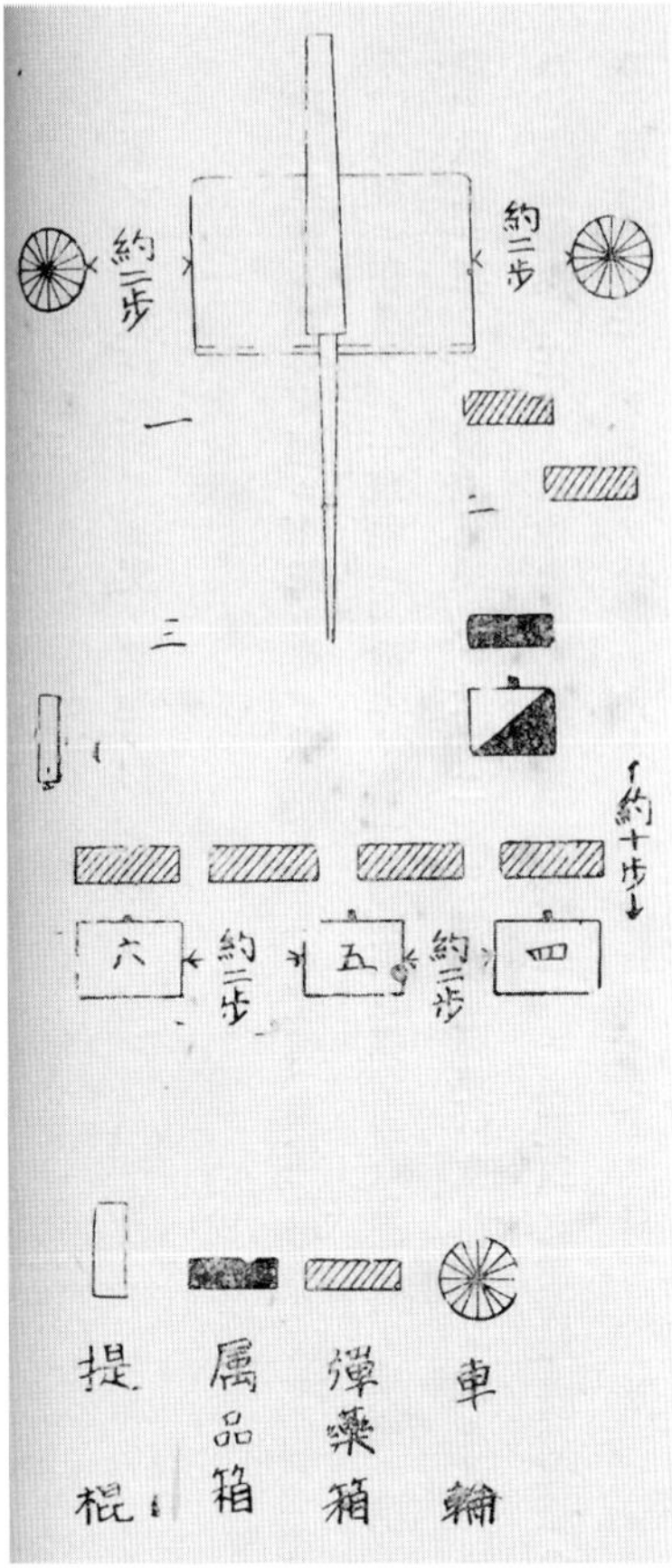

「狙撃砲」の射撃時の「砲長」と「砲手」の位置図

「日露戦争」に試験投入された「携帯迫撃砲」の携帯状況。砲と弾薬を2名で運搬する

「携帯迫撃砲」の射撃状況

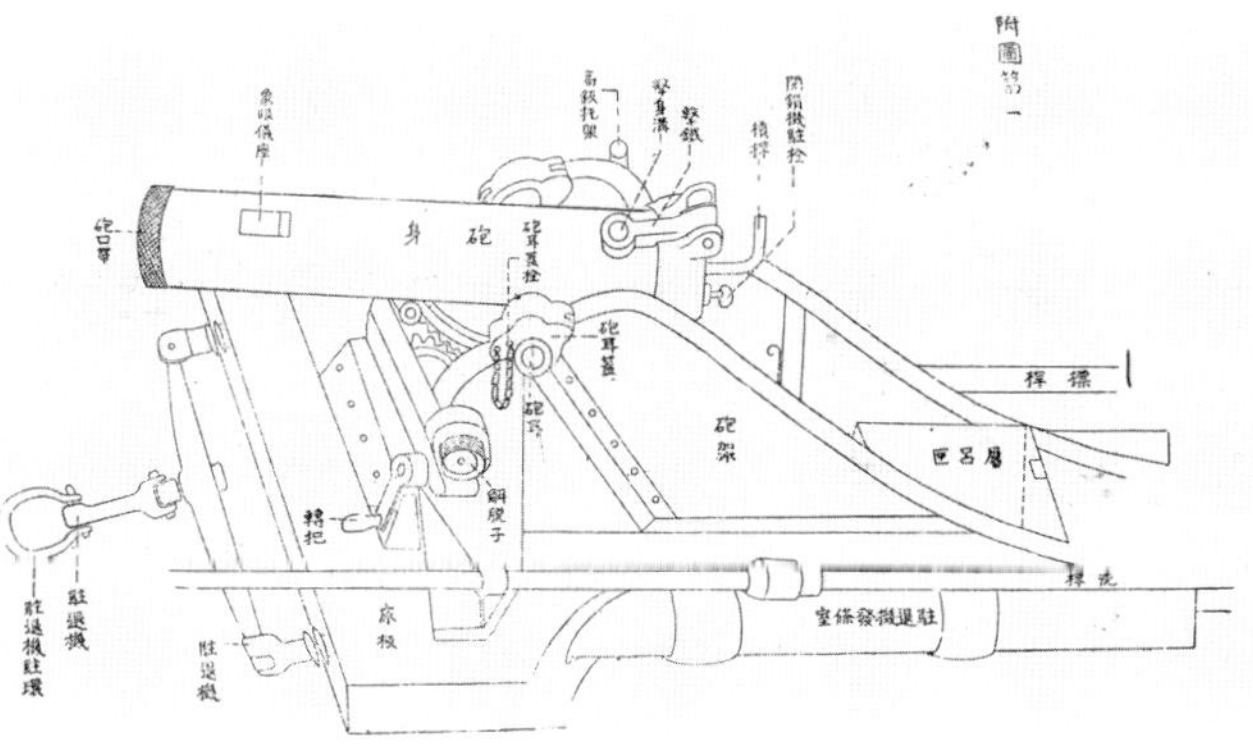

「軽迫撃砲」の側面図

軽迫撃砲

陸軍初の迫撃砲の実戦投入は「日露戦争」の「旅順攻囲戦」であり、「第三軍」隷下の「野戦攻城廠」の「今沢義雄工兵中佐」が花火の打上筒ベースに開発した「木製砲身」より「黒色火薬」で「爆薬」を発射する「急造迫撃砲」であった。

この「急造迫撃砲」には十二センチと十八センチの二種類があり、「十二糎急造迫撃砲」と「十八糎急造迫撃砲」の名称が付けられ、突撃時の歩兵の近接支援用として「工兵」が運用した。

明治三十八年になると、「陸軍技術審査部」は「急造迫撃砲」を基として金属製砲身を備えた爆薬発射用の口径百五ミリの「携帯迫撃砲」を開発し、「奉天会戦」に試験投入している。

「日露戦争」後の明治四十二年六月になると「陸軍技術審査部」は本格的な「迫撃砲」の開発を開始しており、明治四十四年三月に口径九十五ミリの「重迫撃砲」と、口径七十五ミリの「軽迫撃砲」を開発している。

この新たに開発された「重迫撃砲」と「軽迫撃砲」は、平時には生産は行なわずに、戦時に際して生産する兵器とされた。「重迫撃砲」は、「火砲」として「砲兵」が運用するとされ、「軽迫撃砲」は歩兵支援専用として「歩兵」が運用するものと区分されていた。

また大正三年の「青島出兵」でも「軽迫撃砲」の名称で木製の「急造迫撃砲」が使用されている。

軽迫撃砲

「欧州大戦」での戦訓を元として、既存の「軽迫撃砲」をベースとした歩兵支援専用の「特種砲」の範疇で「軽迫撃砲」が大正七年に制定された。

この「軽迫撃砲」は、砲口より挿入する外装式タイプで、重量は二十キロ。発射速度は一分間に一発であった。

「軽迫撃砲」は「砲身」「砲架」「床板」より構成され、重量は九十四キロ。「砲身」の射角は四十五〜八十度であった。

射撃方法

射撃は、指揮官の「砲長」と「一番砲手」〜「八番砲手」の合計九名で行なわれた。

射撃に際しては、砲口より弾薬を装填した後に、「砲身」後端の「閉鎖機」を開いてから、閉鎖することで撃針を撃発状態にセットして、続いて「象限儀」を用いて射角を決定してから、「方向鈑」「垂球」「砲隊鏡」により方向を決定するとともに、砲弾頭部の複動信管を、着弾と同時に破裂する「著発」、または敵の頭上で破裂させる「曳火」のいずれかにセットする。なお、「曳火」とする際は目標に応じた該当時間を設定する。

つづいて「拉縄《りゅうじょう》」を引いて発射する。射撃後は「閉鎖機」を開いて「洗桿」にて砲身内を清掃し、つづいて装填が行なわれた。

運搬方法は、「輜重車」に搭載しての馬匹ないし人力牽引によるか、「床板」の左右に搬送用の「担棍」を兼ねた「標桿」と「洗桿」を差し込んで四名の砲手で担ぐ臂力搬送により行なわれた。

弾薬

弾薬は榴弾のみで、威力は十五センチ榴弾砲の榴弾と同等であり、「一号弾」と「二号弾」とプロトタイプの「試製三号弾」の三種類があった。

弾丸は「頭部」と「柄桿」より構成され、「頭部」には「複動信管」が設置されており、重量は二十キロ。炸薬には「黄色薬」が用いられ、信管は曳火式の「三年式複動信管」であった。

「一号弾」は最大射程三百六十メートル、「二号弾」は最大射程三百八十メートル、長射程の「試製三号弾」は弾頭重量を減じて八キロの総重量であり、最大射程は六百五十メートルであった。

このほかに、発射訓練用に火薬を抜いて砂を詰めた「填砂弾」と、装填訓練用の「訓練弾」があった。

特種砲隊

歩兵支援専門の「特種砲」である「狙撃砲」と「軽迫撃砲」は、各「歩兵聯隊」隷下に「特種砲隊」を編成して運用が行なわれた。

「特種砲隊」は指揮機関である「本

「軽迫撃砲」の射撃状況。写真中央の「砲長」の指揮のもと、砲身に射角が付与されている

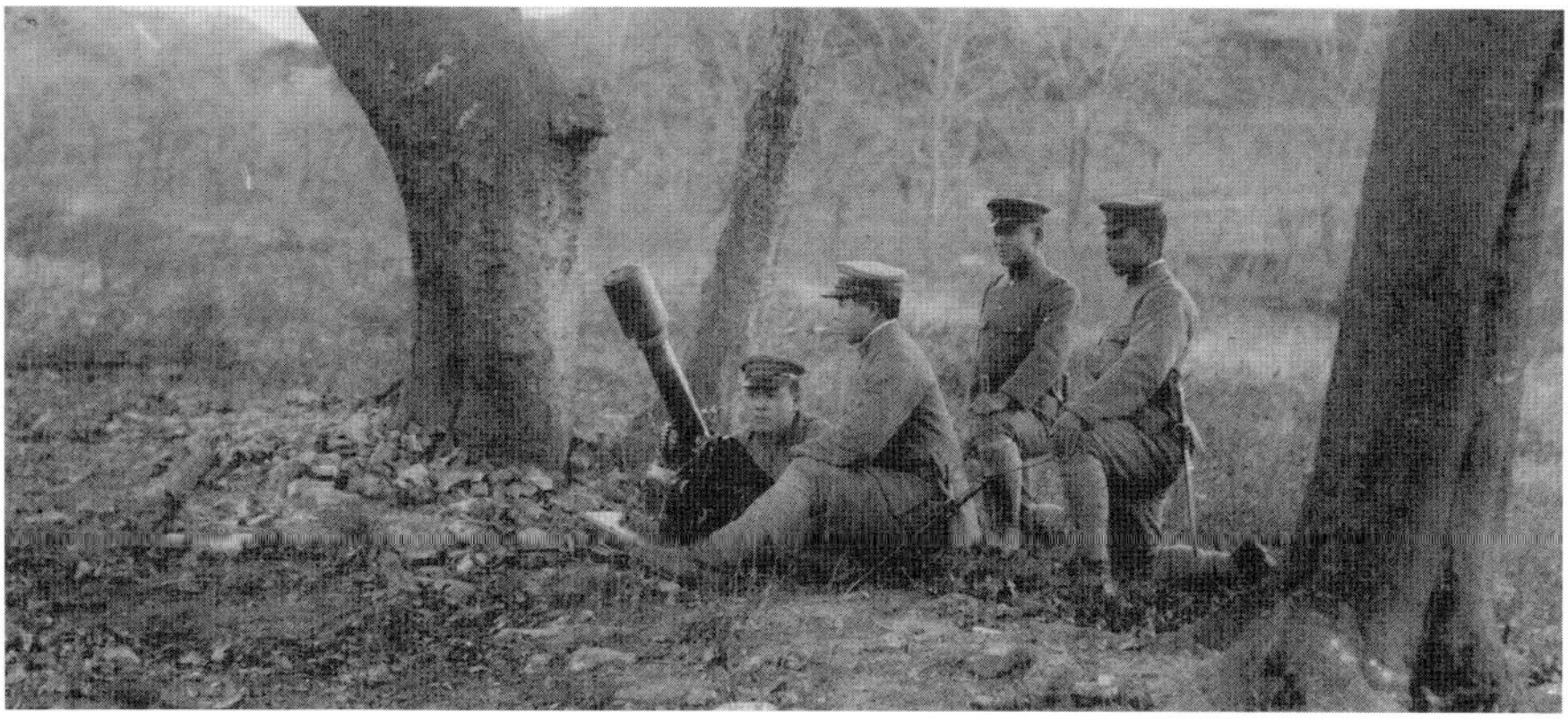

「軽迫撃砲」の射撃状況。装填訓練用の「訓練弾」が装填されている

部」の下に、「狙撃砲戦砲隊」と「軽迫撃砲戦砲隊」が置かれた。

「狙撃砲戦砲隊」は、「指揮班」と、「狙撃砲」二門を擁する「小隊」、そして「弾薬分隊」で編成されていた。

「軽迫撃砲戦砲隊」は、「指揮班」と、「軽迫撃砲」二門を擁する「小隊」二個、そして二個分隊編成の「弾薬小隊」より編成されていた。

「特種砲隊」は、戦局に応じて隷下の三個「小隊」を「歩兵聯隊」隷下の三つの「歩兵大隊」に一個小隊ずつ配属したほか、状況に応じては一門ごとに分配配備された。

特種砲隊編成

<table>
<tr><td colspan="3">特種砲隊本部</td></tr>
<tr><td rowspan="4">狙撃砲戦砲隊</td><td colspan="2">指揮班</td></tr>
<tr><td rowspan="2">第一小隊</td><td>第一砲</td></tr>
<tr><td>第二砲</td></tr>
<tr><td colspan="2">弾薬分隊</td></tr>
<tr><td rowspan="7">軽迫撃砲戦砲隊</td><td colspan="2">指揮班</td></tr>
<tr><td rowspan="2">第一小隊</td><td>第一砲</td></tr>
<tr><td>第二砲</td></tr>
<tr><td rowspan="2">第二小隊</td><td>第一砲</td></tr>
<tr><td>第二砲</td></tr>
<tr><td rowspan="2">弾薬小隊</td><td>第一分隊</td></tr>
<tr><td>第二分隊</td></tr>
</table>

歩兵砲❷

欧州大戦の戦訓を基にして研究・開発された「十一年式平射歩兵砲」「十一年式曲射歩兵砲」を、歩兵砲編成・移動方式・射撃方法等を交えつつ各種紹介！

第18話

「十一年式平射歩兵砲」と歩兵砲隊

「十一年式平射歩兵砲」は、「狙撃砲」に代わり大正十一年に制定された口径三十七ミリの直射弾道の火砲であり、「榴弾」を主要弾薬とする後装タイプの歩兵砲である。ただし、この「榴弾」は弾底信管を有し、弾体頭部は肉厚で焼入れを施してあり、実質的に榴弾・徹甲弾兼用の「破甲榴弾」といえるものである。「十一年式曲射歩兵砲」は、既存の「軽迫撃砲」に代わり大正十一年に制定された口径七十ミリの曲射弾道の火砲で、「榴弾」を主要弾薬とする前装タイプの歩兵砲である。

・歩兵砲隊編成

「歩兵砲隊」は、既存の「特殊砲隊」に置き代わる形で「聯隊本部」の直轄部隊として新設され、編成は「隊本部」と「第一小隊」から「第三小隊」の三個小隊で成り立っていた。

指揮機関である「隊本部」は、「大尉」ないし「中尉」を長として「特務曹長」—「曹長」・「給養掛下士官」・「伝令」二名・「通信兵」四名で「指揮班」を編成した。各小隊隷下の「歩兵砲小隊」は、「平射歩兵砲」「曲射歩兵砲」を各二門装備していた。

「歩兵砲小隊」は「少尉」（時に「中尉」）を長として「当番兵」—「伝令」で「指揮班」を編成した。各歩兵砲小隊は、「指揮班」と第一から第二の「歩兵砲分隊」、「弾薬分隊」一個で編成されていた。「指揮班」は、「歩兵砲分隊」に近い戦場を見通せる場所に「観測所」を開設する。

「指揮班」は、小隊長のほか、「当番兵」—「伝令」とで編成した。各「弾薬分隊」は「上等兵」を「分隊長」とし、輜重輸卒四名と「弾薬馬」四頭で編成されていた。

「弾薬分隊」に属する四名の「輜重輸卒」のうち、二名は「弾薬駄馬」を曳く「馭兵」であり、「第一弾薬馬」「第二弾薬馬」と「弾薬馬」の名前を冠して「第一弾薬馬馭兵」「第二弾薬馬馭兵」と称した。

（上）「十一年式曲射歩兵砲」の前身となる「軽迫撃砲」。弾丸を発射した直後の状況で、弾丸は十一年式と同様に前装式であったが、装薬は後装式である。発射速度が１分あたり３発と遅く、射程も最大420mしかなかった。
（下）射撃中の「十一年式曲射歩兵砲」。写真一番手前の「三番砲手」が発射用の「拉縄《りゅうじょう》」を引いている。砲身の向こう側で姿勢を低くしているのが弾丸を装填する「一番砲手」で、その後ろに「弾薬箱」が見える。周囲に伝播した激しい発射衝撃は、地面から砂塵を巻き上げる「地煙」を巻き起こしている。射撃に際し、分隊長の命令で「三番砲手」は射撃距離を決める「托筒《たくとう》」と呼ばれる接続式のガス圧調整用のアダプターをセットする。「曲射歩兵砲」の射距離の調整は、砲身の角度を変えることなく砲身内部に射距離に応じた「托筒」を挿入する。「托筒」は、長さを異にする４種があり、「第一托筒」～「第四托筒」の４パターンで装薬ガス室の容積を変えて弾丸の初速を調節した。この時に「四番砲手」は、弾薬を装填する砲の安全装置を解除する

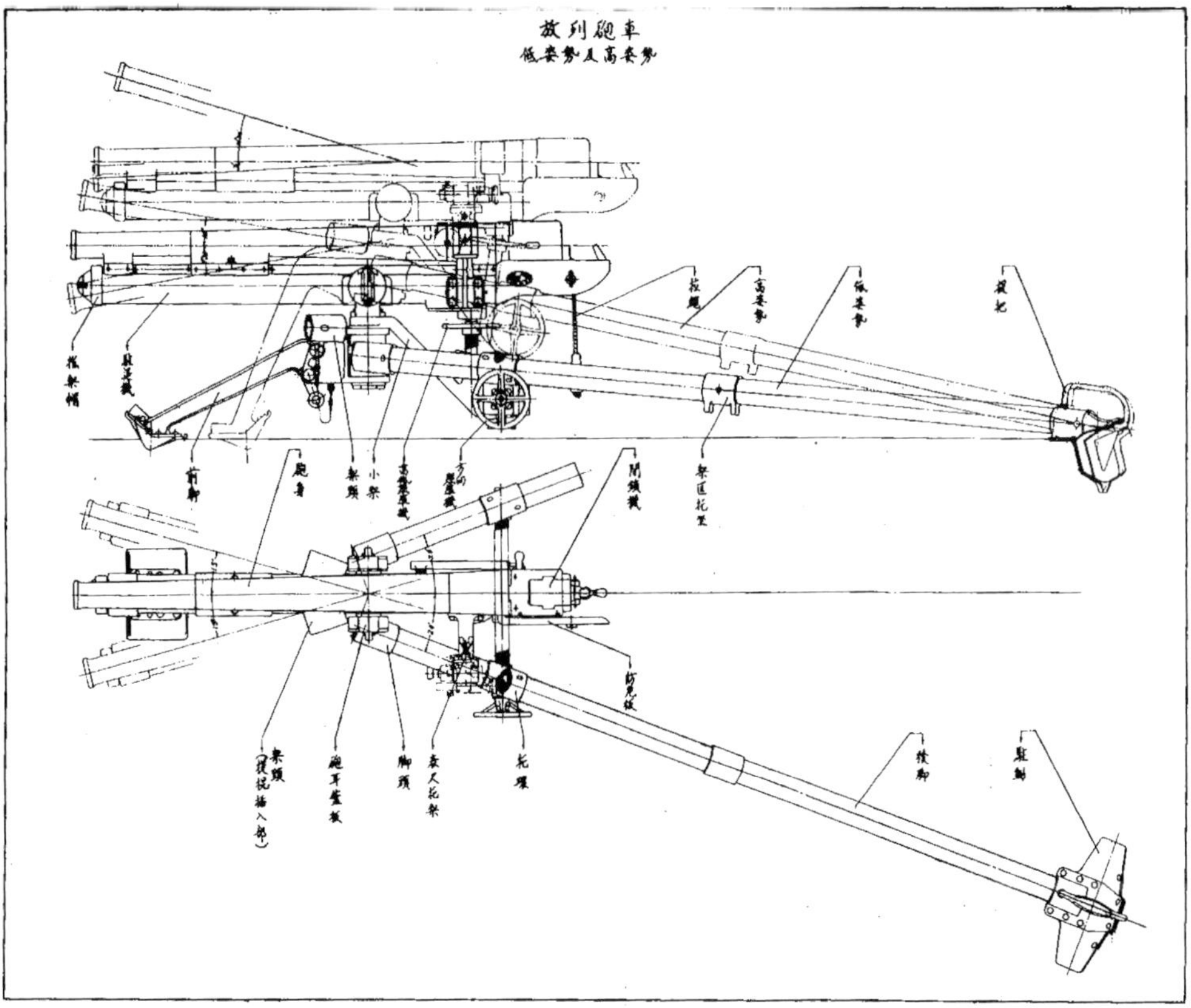

「十一年式平射歩兵砲」の放列砲車。「高姿勢」と「低姿勢」における砲身位置の違いに注目

「十一年式平射歩兵砲」には「狙撃砲」と同じく、戦闘時に歩兵にとって最大の脅威となる「機関銃」の撃破と併せ、副義的に「対戦車」任務があった。昭和十一年に制定される、対戦車専用の「和製タンクキラー」である「九四式三十七粍砲」は「速射砲」と通称され、「歩兵聯隊」の「聯隊本部」直轄である「速射砲中隊」に四門ずつ配備された。

・移動

「平射歩兵砲」「曲射歩兵砲」の移動方法には、駄馬による「駄載」と、人力による「臂力《ひりき》搬送」がある。「臂力搬送」に際しては「平射歩兵砲」の場合、三脚の前後に四本の「提棍《ていこん》」とよばれるキャリングハンドルを差し込み、「曲射歩兵砲」の場合は「砲床」の左右前後に四本の「提棍」を差し込んで搬送する。「一番砲手」と「四番砲手」の二名で前後左右の提棍の前端を手に提げるか、両肩に担ぐ「二人搬送」方式で搬送するが、状況によっては「一番砲手」～「四番砲手」の四名が提棍

「十一年平射歩兵砲」を装備した「歩兵砲分隊」。火砲の砲尾に膝立ちしている下士官は射撃指揮を行なう「分隊長」である。写真一番手前は砲の照準を行なう「三番砲手」、砲身を挟んだ反対側にいるのが弾薬の装填と発砲操作を行なう「四番砲手」である。右端の「七番砲手」が持っているのは「弾薬箱」。その左側では「六番砲手」が属品・手入具予備部品を収納した金属製の「属品箱」を持っている

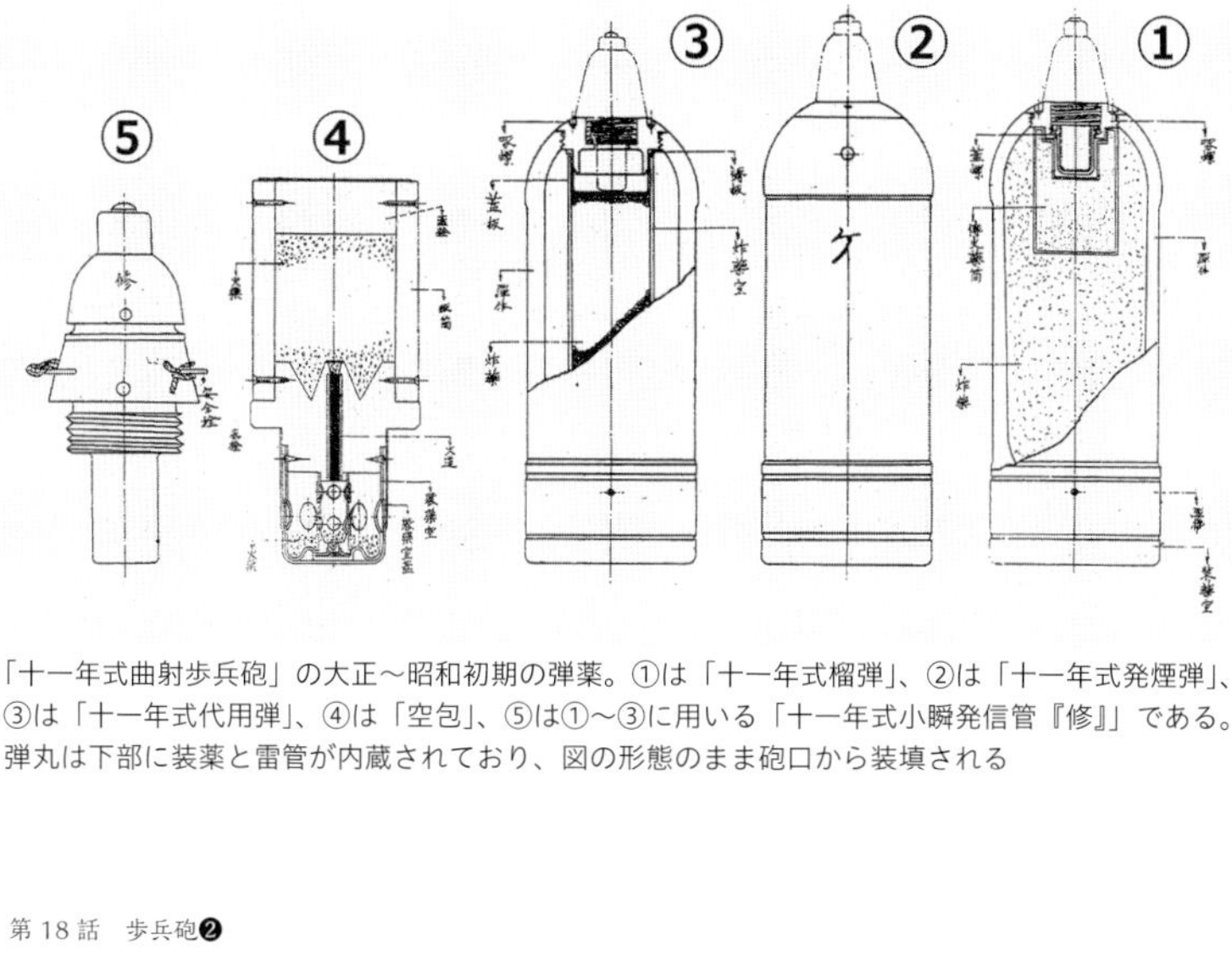

「十一年式曲射歩兵砲」の大正〜昭和初期の弾薬。①は「十一年式榴弾」、②は「十一年式発煙弾」、③は「十一年式代用弾」、④は「空包」、⑤は①〜③に用いる「十一年式小瞬発信管『修』」である。弾丸は下部に装薬と雷管が内蔵されており、図の形態のまま砲口から装填される

の前端を手に提げて左右の肩に担ぐ「四人搬送」が指示されることもあった。

狭隘な地形や隘路では火砲を分解して進むことがある。「分解搬送」では「曲射歩兵砲」は「砲床」「砲身」「属品箱」に分解して砲手が担いで搬送する。「平射歩兵砲」は「砲身」「揺架」「属品箱」「三脚」に分解して砲手が担いで搬送する。

搬送の際に分隊長は「分解搬送」か、分解しない場合は「四人搬送」等の搬送方法を砲手に指示した。移動に際しては「分隊長」の「載せ」の号令によって、砲手が火砲を分解して駄馬の「駄鞍」に載せる。

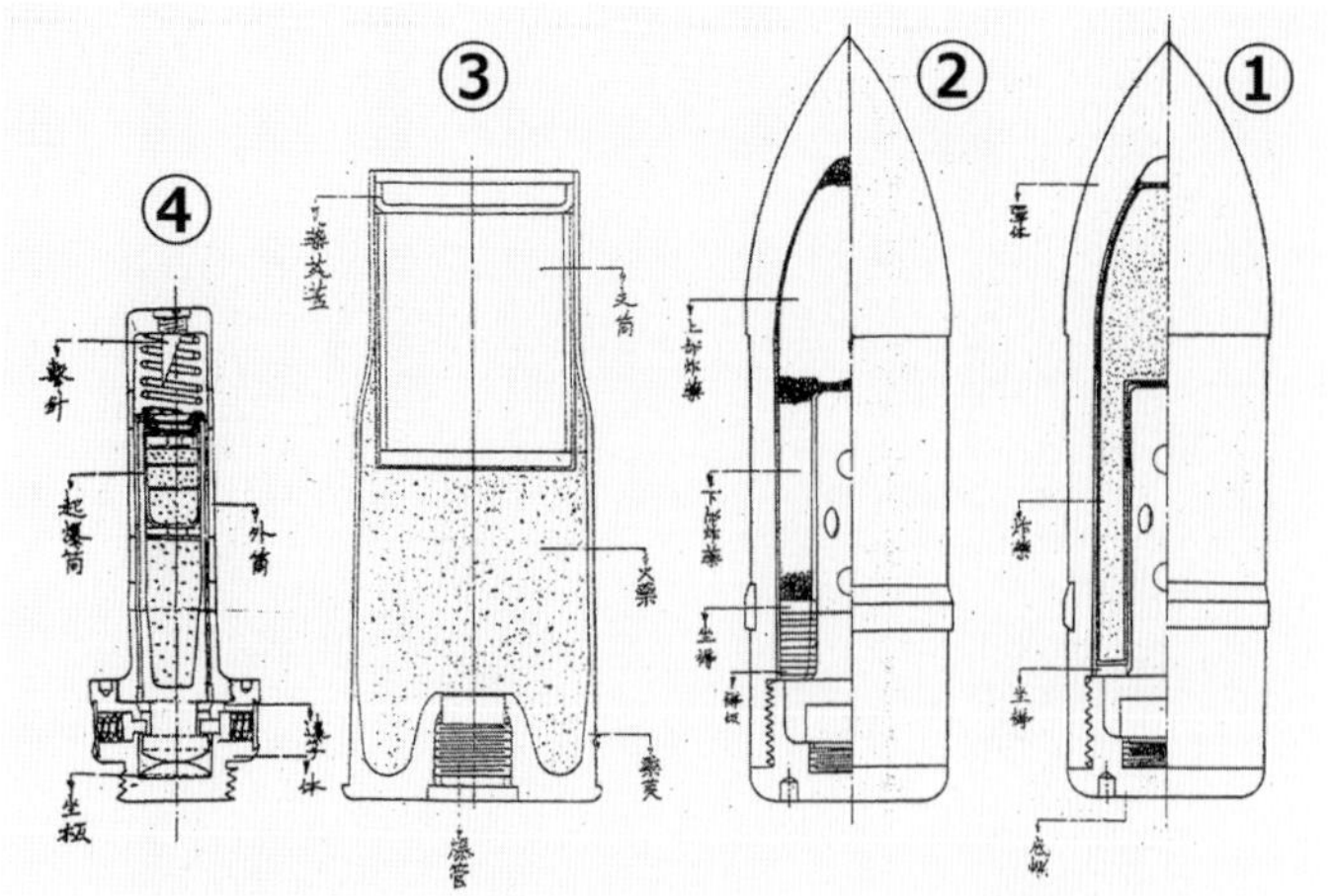

「十一年式平射歩兵砲」の大正〜昭和初期の弾薬。①は「十二年式榴弾」、②は「十二年式代用弾」、③は「空包」、④は①・②に用いる「平射歩兵砲十二年式信管」である。弾丸は薬莢と組み合わされた「完全弾薬筒」の形態で使用される

・射撃

「平射歩兵砲」と「曲射歩兵砲」の射撃は「分隊長」の「卸せ」の号令により、砲手が「駄馬」から砲を卸して組み立て、射撃位置に設置することから始まる。「平射歩兵砲」は現場の状況により、砲身位置が高い「高姿勢」か、砲身位置が低く敵方への暴露が少ない「低姿勢」を選択する。

「隊本部」と「観測所」と隷下の小隊間連絡には「伝令」ないし電話連絡網が構成された。電話網の構成は「隊本部」配属の四名の通信兵が行なった。射撃に際しては「分隊長」の目標指示により「三番砲手」が照準し「四番砲手」が弾薬を装填して射撃が行なわれた。

弾薬の補充を行なう「弾薬分隊」は、陣地との交通が容易で敵眼・敵火から掩蔽できる位置に待機した。

新式歩兵砲の制定

昭和七年に、平射・曲射兼用の新歩兵砲である口径七十ミリの「九二式歩兵砲」が制定されたことにともなって、歩兵砲隊が装備していた既存の「十一年式平射歩兵砲」と「十一年式曲射歩兵砲」は旧式兵器となり、第一線を退いて予備兵器となった。新式の「九二

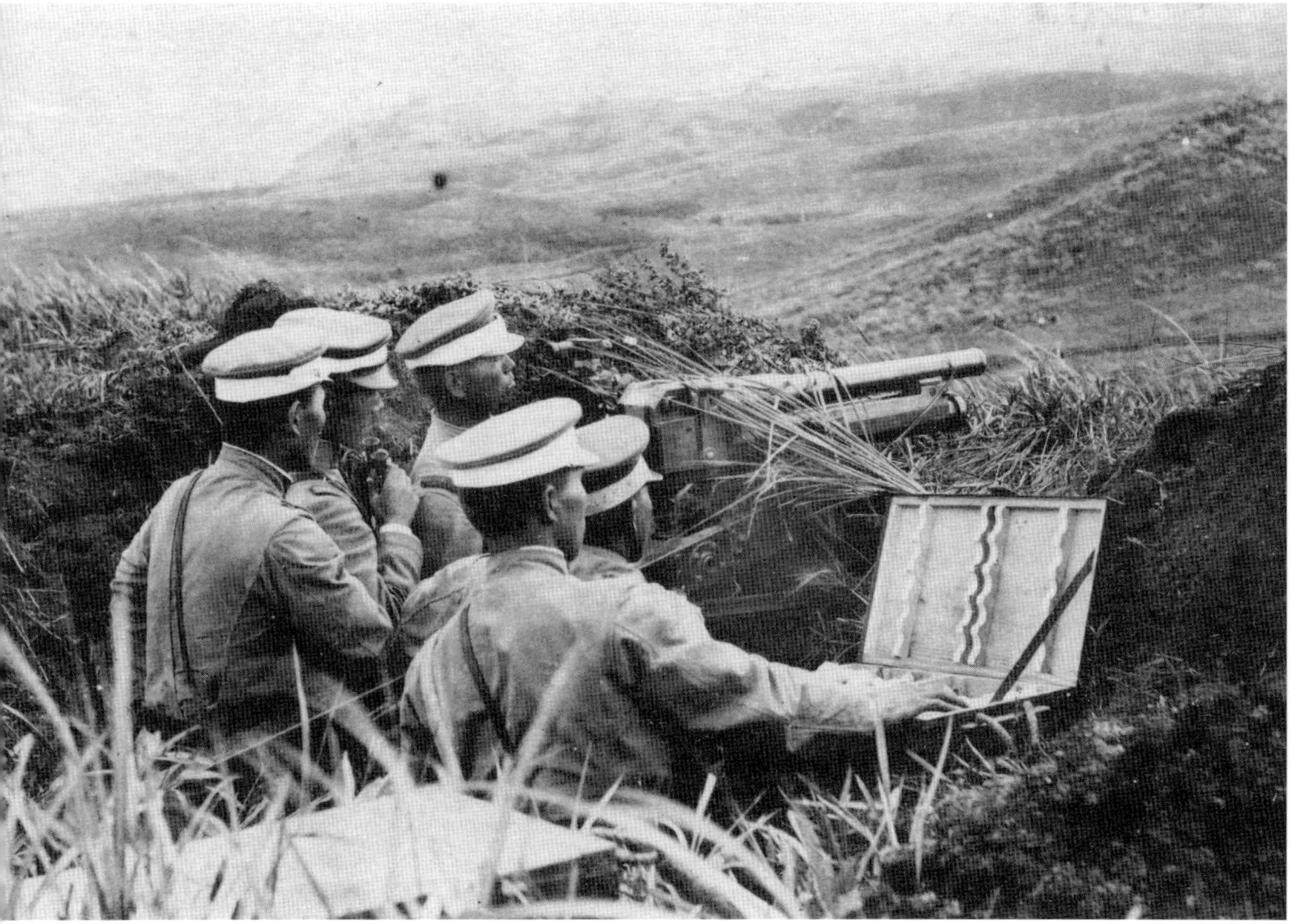

「十一年式平射歩兵砲」の前身となる「狙撃砲」。「下方防盾」を外して火砲のシルエットをおさえる「低姿勢」の状態とし、素掘りの砲座に設置している。砲の右側に10発入りの木製の「弾薬箱」がみられる。この一葉から「欧州大戦」の戦訓が大正期陸軍の兵器体系に大きな影響を与えたことが窺える

式歩兵砲」は、「歩兵聯隊」の戦闘力増加のため、隷下各大隊の「機関銃中隊」下に、同砲を二門装備する「歩兵砲小隊」が編成された。この「九二式歩兵砲」は「大隊砲」と通称され、「歩兵砲小隊」は「大隊砲小隊」とよばれた。

予備兵器となっていた「十一年式平射歩兵砲」と「十一年式曲射歩兵砲」は、昭和十二年の「支那事変」の勃発により急遽編成され、「治安師団」と呼ばれた「警備師団」に再配備されて戦線で使用されている。また使用する弾薬についても、弾丸や使用する信管を改めた新式のものが登場した。

あとがき

本書は二〇二一年一月より二〇二二年十月まで雑誌『丸』に「大正の歩兵兵器」のタイトルで十八回にわたり連載した内容を一冊に纏めたものです。

日本陸軍の「歩兵兵器」の整備・研究体制は、明治期に完成しました。大正期に入ると「欧州大戦(第一次世界大戦)」の戦例・戦訓・情報が欧州の戦地より多くが日本にもたらされました。日本陸軍でも過去の「日露戦争」の経験とこれらの新情報を吟味・分析して新たに起きた「シベリア出兵」にも対応する「歩兵兵器」の開発や整備に着手しました。大正期に確立された独自の兵器体系と用兵ドクトリンは後の「昭和陸軍」のベースとなりました。

当書が、近代戦史継承のための一助となれば幸いです。

書籍発行の機会をくださいました潮書房光人新社の赤堀正卓社長に感謝を申し上げますとともに、雑誌『丸』の編集である岩本孝太郎様と、懇切丁寧に編集をしてくださいました書籍編集部の川岡篤様に御礼申し上げます。

また当連載にあたり、多くの協力をいただいております「軍事法規研究会」に御礼申し上げます。

二〇二三年十二月吉日

著者

日本陸軍の基礎知識
〈大正の兵器編〉

2024年1月16日　第1刷発行

著　者　藤田昌雄
発行者　赤堀正卓
発行所　株式会社　潮書房光人新社
〒100-8077
東京都千代田区大手町1-7-2
電話番号／03-6281-9891（代）
http://www.kojinsha.co.jp

装　幀　天野昌樹
印刷製本　サンケイ総合印刷株式会社

定価はカバーに表示してあります。
乱丁、落丁のものはお取り替え致します。本文は中性紙を使用

ISBN978-4-7698-1705-5 C0095

好評既刊

もう一つの陸軍兵器史
——知られざる鹵獲兵器と同盟軍の実態

藤田昌雄　未発表・秘蔵写真四五〇枚で暴く衝撃の真実！　戦史の暗部に埋もれ、いままで語られることのなかった驚愕の真実を白日の下に晒す、日本陸軍〝もう一つの戦場〟。未発表史料多数入り。

激戦場　皇軍うらばなし
——写真三五〇枚で描く不屈の戦士たち！

藤田昌雄　死と隣り合わせの最前線の日々。糧食の現地製造・調達、兵器の現地製造、渡河方法、対戦車戦闘等の詳細を未発表マニュアル・図面、史料、データで明らかにする日本陸軍もう一つの戦場。

写真で見る海軍糧食史
——海軍グルメ・アラカルト

藤田昌雄　未発表フォトとデータで解明する日本海軍のグルメ事情。海軍兵食のルーツとなった幕末海軍から昭和海軍にいたるまで、写真二二〇枚、イラスト、メニュー一覧、レシピで詳細に解説。

写真で見る日本陸軍兵営の食事
——帝国陸軍の食事アラカルト

藤田昌雄　帝国陸軍の兵士は何を飲食していたのか⁉　はじめて明かされる兵食の実態。献立・炊事の実例、酒保システム、パンの導入、陸軍カレー、演習の食事、患者食……など、詳細に解説する。

写真で見る日本陸軍兵営の生活
——戦士たちの日常をビジュアルに捉える！

藤田昌雄　入営から戦場まで——一日二四時間、一年三六五日、兵士たちはいかに鍛えられ、教育されたのか⁉　膨大な資料等で解明する決定版。兵営の一日、年間スケジュールを子細に綴る異色作。

日本陸軍の基礎知識　明治の兵器編
——陸軍黎明期の兵器徹底研究

藤田昌雄　世界各国から優れた歩兵兵器を輸入して研究し、日本兵士に適応するよう改良して国産化した兵器や、日本独自の設計・開発のもと製造された兵器のメカニズムを、写真・図版多数で詳解。